今すぐ使えるかんたん

JN077702

**Imasugu Tsukaeru
Kantan Series**

Google Classroom
Densan System Co., Ltd /
Dokogaku Co., Ltd

Google
Classroom

授業への導入から運用まで、
一冊でしっかりわかる本

技術評論社

本書の使い方

- 画面の手順解説だけを読めば、操作できるようになる！
- もっと詳しく知りたい人は、左側の「側注」を読んで納得！
- これだけは覚えておきたい機能を厳選して紹介！

特長 1

機能ごとに
まとまっているので、
「やりたいこと」が
すぐに見つかる！

特長 2

基本操作

赤い矢印の部分だけを
読んで、パソコンを
操作すれば、難しいことは
わからなくても、
あっという間に
操作できる！

Section 16 新しいクラスを作ろう

16
新しいクラスを作...

ここで...こと

- ...の作成
- ...クラスの詳細設定
- ...クラス名の変更

Classroom の運営ポイントを考えるうえで、もっとも基本となるのがクラスの作成です。ホームルームや教科、部活動、委員会など、必要に応じてクラスを作成し、円滑に組織運営を行いましょう。

① クラスを作成する

4
クラスを組織しよう

✏ 補足

クラス作成時の上限設定

教師役として Classroom を作成できる数は無制限ですが、1クラスに参加できる教師の上限は50名です。このほかにも、Classroom にはいくつかの制限があるため、このあたりも踏まえて組織編成を行いましょう。

1クラスあたりの教師数	50人
クラスのメンバー（教師と生徒）	1,000人
参加できるクラス	1,...
	制限なし
生徒1人あたりの保護者数	20人

1 Classroom を開いて、画面右上の＋をクリックし、

＋

クラスに参加

クラスを作成

2 ［クラスを作成］をクリックします。

3 ...セクションなどを入力し、

クラスを作成

クラス名（必須）
理科

セクション
2024年度_3年5組

科目
理科

部屋
実験室

キャンセル　...

4 ［作成］をクリックすると、...作成が完了します。

54

特長 3

やわらかい上質な紙を
使っているので、
開いたら閉じにくい！

● 補足説明

操作の補足的な内容を「側注」にまとめているので、
よくわからないときに活用すると、疑問が解決！

 解説
補足説明

 ヒント
便利な機能

 重要用語
用語の解説

 応用技
応用操作解説

 ショートカットキー
タッチ操作

 補足
補足説明

 注意
注意事項

 時短
時短

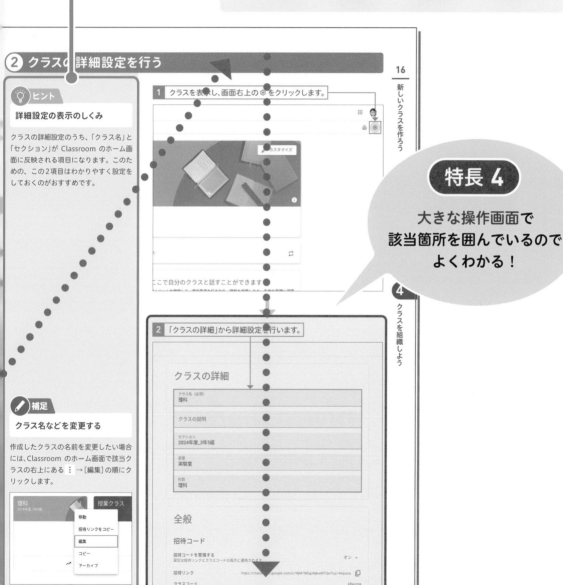

② クラスの詳細設定を行う

16

ヒント

詳細設定の表示のしくみ

クラスの詳細設定のうち、「クラス名」と
「セクション」が Classroom のホーム画
面に反映される項目になります。このた
めの、この2項目はわかりやすく設定を
しておくのがおすすめです。

1 クラスを表示し、画面右上の ⚙ をクリックします。

特長 4

大きな操作画面で
該当箇所を囲んでいるので
よくわかる！

補足

クラス名などを変更する

作成したクラスの名前を変更したい場合
には、Classroom のホーム画面で該当ク
ラスの右上にある ⋮ →[編集]の順にク
リックします。

2 「クラスの詳細」から詳細設定を行います。

クラスの詳細

クラス名（必須）
理科

クラスの説明

セクション
2024年度_3年5組

部屋
実験室

科目
理科

全般

招待コード

招待コードを管理する
設定は招待リンクとクラスコードの両方に適用されて

オン ▾

招待リンク

クラスコード   khjozre

55

3

目次

第3章 Google Classroomを利用する準備を整えよう

第4章 クラスを組織しよう

第5章　ストリームの役割を知ろう

第6章 授業タブを使いこなそう

第7章 課題の採点やフィードバックをしよう

第8章 Google Classroomでオンライン授業を行おう

ご注意：ご購入・ご利用の前に必ずお読みください

● 本書に記載された内容は、情報提供のみを目的としています。したがって、本書を用いた運用は、必ずお客様自身の責任と判断によって行ってください。これらの情報の運用の結果について、技術評論社および著者はいかなる責任も負いません。

● ソフトウェアに関する記述は、特に断りのないかぎり、2024年1月現在での最新情報をもとにしています。これらの情報は更新される場合があり、本書の説明とは機能内容や画面図などが異なってしまうことがあり得ます。あらかじめご了承ください。

● 本書の内容は、以下の環境で制作し、動作を検証しています。使用しているパソコンによっては、機能内容や画面図が異なる場合があります。
　・ChromeOS
　・Chrome バージョン120

● インターネットの情報については、URLや画面などが変更されている可能性があります。ご注意ください。

● 本書では、文中において「Google Classroom」を「Classroom」、「Google Chrome」を「Chrome」のように省略して表記しています。

以上の注意事項をご承諾いただいた上で、本書をご利用願います。これらの注意事項をお読みいただかずに、お問い合わせいただいても、技術評論社および著者は対処しかねます。あらかじめご承知おきください。

■Google、Google for Education、Google Workspace for Education、Gmail、Googleドライブ、Googleドキュメント、Googleスプレッドシート、Googleスライド、Googleフォーム、Google Classroom、Googleカレンダー、Googleチャット、Google Meet、Googleサイト、Googleグループ、YouTube、Google ToDoリスト、Chrome、ChromeOS、およびChromebookはGoogle LLCの商標です。
■その他、本書に掲載した会社名、プログラム名、システム名などは、米国およびその他の国における登録商標または商標です。本文中では™、®マークは明記していません。

第 **1** 章

Google Classroom の特徴を知ろう

ここで学ぶこと

- Classroom の魅力
- Classroom の
コンセプト
- Google for Education

今や世界中で使われている Classroom。コロナ禍によって利用者は加速度的に増え、使い勝手のよさから日本ではもちろんのこと、世界中の教師たちを虜にしています。ここでは、そんな Classroom の魅力を解き明かしていきます。

① Google Classroom の魅力を知る

🔍 重要用語

Google for Education

Google for Education は、教育機関向けに開発されたシンプルでリーズナブルな端末 Chromebook と、クラウドベースの教育機関向けのグループウェアである Google Workspace for Education、教師の課題作成・配付・管理・採点を支援し、教師と生徒とのコミュニケーションを円滑にする生産性向上ツール Google Classroom の3つで構成されています。

Classroom は学校現場で大人気のアプリです。GIGA スクール構想によって多くの学校に導入された Google for Education™ の根幹をなすソリューションです。

Google for Education

chrome ⟷ Google Classroom

↓

Google Workspace for Education

とくに、課題の作成・配付、回収、採点、返却・フィードバックをクラウド上で一元管理できる点がとても便利です。それ以外にもできることや機能などがさまざまあるため、Classroom のよさを挙げようとするとキリがなくなってしまうことさえあります。

学習管理がとても楽になるから手放せない

校務効率化のプラットフォームになっている

生徒とのコミュニケーション基盤として欠かせない

Google Classroom

学校での日常的な ICT 活用のベースに、Classroom が機能している姿を作っていきましょう。

② Google Classroom のコンセプトを理解する

 補足

世界で愛される Google Classroom

日本はもちろん、世界中で利用されている Classroom ですが、2023年12月現在の利用者は1.7億人といわれています。

たくさんの魅力に溢れた Classroom ですが、そのコンセプトへの理解を深めることで、できることのイメージがつきやすくなり、実際の活用も捗ります。

わかりやすくいうと、「クラウド上にあるクラスを、いつでも・どこでも・どの端末からでもアクセスして運営することができる」ということです。

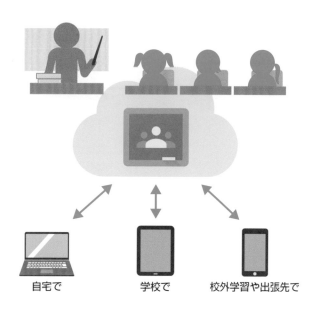

自宅で　　　　　学校で　　　校外学習や出張先で

Classroom を利用することで、時間や場所の制約をいともかんたんに乗り超え、教師も生徒も自分のタイミングでクラスを利用することが可能になります。

たとえば、教師視点で見てみると、お風呂に入っているときにひらめいた授業アイデアを自宅から Classroom に投稿したり、出張先での用事が済んで一息ついたときに生徒からの課題をチェックしたりといったことが当たり前にできるようになります。

また、クラス運営と学習の課題管理や進捗の把握を上手に掛け合わせることで、生徒たちが主体的に学んでいくための土台としても利用することができます。

生徒視点では、Classroom にアクセスするだけで課題の内容や提出期限を確認できるようになるため、従来のアナログの課題とは取り組みやすさが変わります。さらに、授業でのグループ学習や学校行事での係活動などでは、Classroom を介することで、生徒同士の活発な意見交流や新たな創造性へとつなげることも期待できるツールといえるでしょう。

💬 **解説**

LMS（学習管理システム：Learning Manegement System）

Classroom は、LMS（学習管理システム：Learning Manegement System）に大別されるアプリケーションです。一般的に LMS では、教師役が学習者役の課題を管理したり、学習の進捗を確認したりできるような機能を有しています。さらに最近では、そこにコミュニケーションの要素を組み込んだものが多くなっています。

Google Classroom が もたらす変化

ここで学ぶこと

・活用の効果
・学習者主体の学び

さまざまな可能性を秘めた Classroom ですが、利用することで何が変わるのか。利用する前と後では、目に見えて変わることがありますので、ここでは、場面ごとに分けて捉えていきたいと思います。

① Google Classroom を利用する効果

💡ヒント

効果を実感できる順序

Classroom を使い始めて最初に実感できるのがここで紹介している内容です。たとえば、授業の資料を Classroom で配付するようになれば、便利すぎて習慣化してくるのはあっという間です。最初のうちはその便利さや効率化のメリットを味わい尽くしましょう。

💬解説

一人一台の端末活用に向けて

Classroom で資料を配付できるようになって便利さを享受することは、一人一台の端末活用に最初のステップです。ただそれだけで、生徒一人ひとりに応じた最適な学びが実現できるわけではありません。生徒に委ね、生徒が主体的に学んでいけるような授業デザインと、端末の活用、Classroom の利用をしっかりと検討しましょう。

クラウド上でクラスを運営できると、いろいろなことがグッと便利になります。たとえば、Classroom を利用したクラス運営の効果として、次のような例が挙げられます。

> 「授業の資料を手軽に生徒に配付できるようになった」
> 「資料の再印刷の手間を省くことができ、気分も楽になった」
> 「すぐに生徒にテストを返却できるので、生徒のやる気を持続させることができるようになった」

こうした効果はすぐに体感できるでしょう。

Classroom で利用できる機能ごとに、教師と生徒それぞれがどのような効果が期待できるか、具体的にまとめたのが下の表です。時間や場所を選ばず、学習活動に必要な課題の配付や回収、採点から返却、そしてフィードバックまで、すばやく行えるのがメリットです。

	教師	生徒
課題の作成・配付	・資料があればいつでもかんたんに送付できる ・動画やURLのリンクなど資料のバリエーションも豊富になる ・印刷の手間から解放される	・いつでも先生からの課題を確認できる
回収	・いつでも回収できる ・生徒による紛失の心配がなくなる	・自分のタイミングで提出できる
採点	・すぐに採点できる ・自動採点を利用でき、業務を効率化できる	・すぐに結果がわかる ・結果をもとに次の学習に取り組むことができる
返却	・すぐに返却できる ・出張先でも返却できる	・クイックに返却される ・学習意欲が持続する
フィードバック	・すぐにフィードバックできる ・個別にコメントできる	・すばやくフィードバックを受けることができる ・教師と1対1のやり取りができる

❷ Google Classroom を利用して、学習者主体の学びへ

 解説

学びの軌跡を辿りやすい

Classrooom に学習内容や資料、学び方をセットで示すことは、生徒の学習の振り返りのしやすさにもつながります。

 補足

閃いたアイデアを忘れない

授業に関するアイデアはリラックスしているときに突然閃いたりするものです。そして、忘れないうちに Classroom から送ったり、予約設定できたりするのもデジタルのよさです。

 補足

オンラインでの学び方

端末を利用したオンラインの学習コースでは、必要なコンテンツと学習の手順が示され、それを受講者が自分のタイミングで引き出し、学習するスタイルが一般的になりました。そのことを考えれば、Classroom に学習に必要な情報を提示するのはしごく当然の方法といえるでしょう。

そして、何といっても最大の効果は、Classroom で授業に関する学習材料や学び方を示しておくことで、自然と生徒たちが学び始めてくれるということです。今、どういった学習をするのか、見通しを持って取り組むことができ、どんどん主体的に学ぶ生徒を育むことができます。

また、参考とする情報が教科書以外にも、Web サイトや動画など、さまざまな形で提供されることで、学びの可能性は大きく拡張されます。

Classroom で課題を作成し、学習の手順や評価基準も示したうえで配付することで、生徒が自律的に学習しやすくなります。

Classroom では、Web サイトや動画などのリンクを資料として生徒に配付することも可能です。

こうした学び方は、単にアナログをデジタルに置き換えることだけにとどまらない価値を提供し、生徒たちはクラウド時代の学び方を見つけることにもつながるでしょう。

Google Workspace for Education で提供されているアプリを駆使すれば、さまざまな学習を展開することができますが、その学習を支える基盤となるものこそが Classroom なのです。

03 | Google Classroom を支えるクラウド技術

ここで学ぶこと

・共有
・共同編集
・コメント

Classroom を支えているのはクラウド技術です。クラウド技術は、ここ20年ほどで加速度的に進化を遂げてきました。Google は、クラウド技術をベースにさまざまなサービスを提供しており、Classroom もそのうちの1つです。

① Google Classroom を支えるクラウド技術

💬 解説

クラウドのイメージ

クラウドとは「利用者がサーバーやソフトウェアがなくても、インターネットにつながるだけで、必要なサービスを利用できる考え方」のことです。

🔍 重要用語

クラウド・バイ・デフォルト

クラウドの本格的な広がりは、政府が2018年に「クラウド・バイ・デフォルト原則」を打ち出したことにあります。デジタル技術は、国民生活やビジネスモデルを根底から変える、新しい社会の到来を予感させると、指摘されています。

クラウドを活用することで、時間・空間・端末の機種を問わず、提供されているサービスを利用できるメリットを享受できますが、それにとどまらない価値も提供します。

たとえば、洋服店のショッピングサイトが世の中に広まることで、これまで手にすることが難しかった洋服をかんたんに手に入れられるようになりました。それによって、リアルの洋服店に赴くことはもちろん、ショッピングに求める意味や価値を再考した人も多いことでしょう。

オンラインショップで購入

実店舗のショッピングに求めるもの

実物の商品を確かめたい

店舗の雰囲気が好き

商品に加工してもらいたい

同様に、学びの場がオンラインにも広がったことで、学ぶ意味や価値を考え直した人も多いでしょう。

Classroom を始め、Google for Education の各種サービスはクラウドをベースにしているので、いつでも・どこでも・どの端末からでも学び続けることができます。このため、新しい教育モデルの構築に寄与する可能性を秘めているのです。

② クラウドの基本：すばやい共有

💬 解説

オーナー権限

ファイルやフォルダを最初に作成した人（オーナー）が、共有に関する絶対的な権限を持ちます。あるファイルにアクセスしようとしても、オーナーが権限を許可しなければ、アクセスできない状況になります。

Classroom を始めとした Google for Education の各種サービスを利用していて、もっとも効果を感じる瞬間は、情報をすばやく「共有」できるときです。

どのようなアプリであっても、スムーズな情報共有が根底に流れているので、1つのファイルをメールだけで送り合う手間を省くことができます。

たとえば、運動会の案内ドキュメントを同僚と一緒に作成しようとした場合、自分がオーナー権限を持つファイルのURLを、同僚と共有するだけで、編集・コメント・確認などの作業をスムーズに行えるようになります。

Google ドキュメントで作成した「運動会の案内」ファイルのURLを送信することで、ほかの人にもファイルをすぐに共有できます。

💬 解説

共有時のアクセスレベル

ファイルを共有するとき、共有するユーザーに割り当てられるアクセスレベルには以下の4段階があります。

- 特定のユーザー
- 特定のユーザーグループ
- ドメイン内のユーザー全員
- リンクを知っている全員

ただし、セキュリティポリシーにより、共有できない設定が含まれる場合があります。

共有する際にもチャットを使って手際よくできるので、作業効率もグッとアップします。

Classroom のアプリ内でも、スムーズな情報共有の仕掛けがあらゆるところに施されています。

たとえばストリームを使うと、チャットのように、クラスに所属しているメンバーとすばやく連絡してやり取りができたり、情報共有したりできます。ストリームについての詳細は、第5章で解説しています。

③ クラウドの基本：共同編集

共有権限

ファイルやフォルダの共有権限には3つのレベルがあります。

- 編集者…データを直接修正したり、書き換えたりできる
- 閲覧者（コメント可）…データについてコメントを付けることができる
- 閲覧者…データの閲覧のみできる

クラウドを利用するにあたって、もっともユーザーが便利さを感じる瞬間に「共同編集」があるでしょう。

共同編集とは、複数のユーザーが1つのファイルに同時にアクセスして、ファイル編集を行える機能のことです。誰かが作業をしているのを待つことなく、一斉に作業することができます。

たとえば、これまで職員会議の議事録は教務主任だけが記載していたとしたら、共同編集を利用して複数人が議事録を担当することで、記載内容の抜け・漏れを防ぎ、より効率的に議事録作成ができるようになります。

校務だけにとどまらず、学習の場面でも共同編集は有用です。下の画面では、生徒がグループでの協働学習内容を成果としてまとめています。

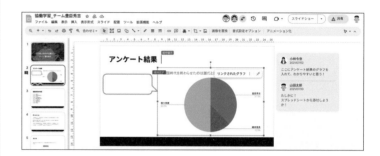

Google スライドを作成したら、ファイルのURLを同じグループの生徒すべてに共有します。共同編集機能を上手に使いこなすことで、グループのメンバーと話し合いながら内容をブラッシュアップしやすくなり、効率的にプレゼンテーション資料を作成することができます。

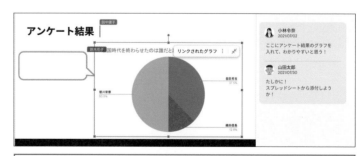

> 共有されたファイルは複数の生徒が一斉に編集でき（共有権限が「編集者」の場合）、いつ・誰が・どこに変更を加えたかも確認できます。

Classroom で作成した課題でも、共有権限を設定して共同編集を促すことで、学びを深めたり広げたりすることができるようになります。

補足

変更履歴

ファイルの変更のプロセスを辿ることができる機能で、複数人でファイルを編集する場合に、いつ・誰が・どこを変更したかがわかるように表示できます。また、変更したタイミングの日時の状態に、ファイルを復元することもできます。

④ クラウドの基本：コメント

解説

割り当て機能

特定の人にファイルの内容を確認したいときは、割り当て機能を使うと便利です。「@」を入力してユーザーを指定することで、そのユーザーにメールを送ることができます。

ヒント

完了マーク

ディスカッションが終了したコメントには、完了マークを付けることができます。積み残したことと、解決したこととを見分けるために利用したい機能です。

補足

コメント履歴

これまでやり取りしたコメントの経緯を確認できるのがコメント履歴です。コメント部分について、もう一度議論したい場合には、コメント履歴から再開をすることもできます。コメントがあった場合の通知設定などを変更することもできます。

共有や共同編集に加えて、さらに便利なクラウドの機能として「コメント」機能があります。

ファイルの特定の箇所にコメントすることで、内容を確認したり、質問したりすることができ、ファイルの内容をすばやく改善することに役立てることができます。

また、コメント機能に付随した割り当て機能を使って、特定のユーザーを指名することもできるので、編集した意図を確認するなど、もっと深いコミュニケーションを図ることができるようになります。

たとえば、生徒から提出されたドキュメントファイルに教師がコメントをすることで、すばやいフィードバックが可能になります。

Classroom には限定公開のコメント機能が搭載されているので、生徒から提出された課題に対して、その生徒のみにフィードバックを行うことができます。限定公開のコメント機能について詳しくは、Sec.50 で紹介しています。

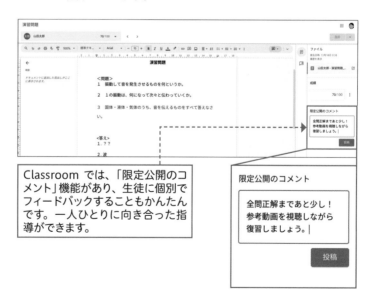

Classroom では、「限定公開のコメント」機能があり、生徒に個別でフィードバックすることもかんたんです。一人ひとりに向き合った指導ができます。

限定公開のコメント

全問正解まであと少し！
参考動画を視聴しながら
復習しましょう。|

投稿

フィードバックの質を高めることは、生徒の学ぶ意欲を持続させるキーポイントでもあります。コメント機能を上手に使いこなすことで、生徒の学びの向上を期待できます。

Google Workspace for Education を知る

ここで学ぶこと

- Google Workspace for Education
- アプリ間連携
- アップデート情報

Classroom は Google Workspace for Education という教育機関向けのグループウェアのうちの1つです。Google Workspace for Education の使い勝手のよさはアプリ間同士の連携にあり、Classroom でもさまざまな連携が図られています。

❶ Google Workspace for Education のアプリ群

✦ 応用技

**校務を効率化させる
アプリ連携例**

- 🗓 × 📄

定期的に開催することが決まっている会議や打ち合わせなどは、カレンダーとドキュメントを連携させることで、議事が進行しやすくなります。

- 💬 × ☑ × 🗓

チャットのスペースを使うことで、複数人での作業を効率的に進めることができます。とくに、やるべきタスクが発生した際にはチャットスペースからタスクを割り当てると、カレンダーにも自動的に反映され、タスクの漏れを防げます。

Google Workspace for Education では、ドキュメント、スプレッドシート、スライド、Gmail を始め、多様なアプリを使うことができます。

アイコン	アプリ名	用途
📄	Google ドキュメント	文書を作成・加工する
🔲	Google スプレッドシート	データを集計・分析する
🔲	Google スライド	プレゼンテーションを作成する
M	Gmail	メールの送受信を行う
▲	Google ドライブ	クラウド上のデータの保存先
31	Google カレンダー	予定の作成・管理を行う
💬	Google チャット	チャットの送受信を行う
📹	Google Meet	オンラインビデオ会議を行う
📋	Google フォーム	アンケート作成・管理を行う
🔲	Google サイト	Webサイトの作成・管理を行う
☑	Google ToDo リスト	タスク作成・管理を行う

❷ Google Workspace for Education でのアプリ間連携

✨ 応用技

学習を効率化させる アプリ連携例

・ 📄 × M

授業に外部人材を招待するメールを生徒が作成するとき、ドキュメントで共同編集しながらメール文面を作成することができます。

・ 📄 × ⏰

文化祭の企画書案をドキュメントでまとめ、プロジェクトを進行させる際、ロードマップを整理し、メンバーにタスクを割り振ることで、スムーズな進行を図ることができます。

✏️ 補足

アップデート情報

Google Workspace の最新情報をキャッチするのに、公式ブログ(https://workspaceupdates-ja.googleblog.com/)は最適です。アップデート内容の詳細が紹介されています。

アプリ間連携とは、複数のアプリが有機的に結びつき、1つのデータを扱うしくみのことで、連携のスムーズさが業務の効率アップにつながります。

たとえば、下の画面ではフォームで集計したアンケートのデータをスプレッドシートで集計しています。

> 文化祭の出し物として実施したいことについてアンケートを取り、結果を確認します。

ほかにも、ドキュメントにコメント機能を使ってメールで連絡したり、カレンダーの予定に Meet を作成してオンライン会議の打ち合わせを設定したりなど、複数のアプリを連携して使うことで効率的に行えることは山ほどあります。

アプリ間連携のよさを実感するには、Google Workspace for Education を日常的に活用して、体験的に学ぶことがいちばんの近道です。校務や学習など、利用場面を問わずに使ってみることで、自分なりのアプリ間連携方法を発見することもできるでしょう。

Google Workspace for Education は日々進化していますので、アップデートによる連携強化を楽しみながら、使い進めてみてください。

Section

05 Google Classroom の全体像を知る

ここで学ぶこと

- Classroom の全体像
- ホーム画面
- 表示されるメニュー

Classroom でどういったことができるかを知るには、全体像を理解することが肝要です。ホーム画面を確認しながら、できることを1つ1つ確認していきます。また、クラスを選択したときに表示される各種メニューについても合わせて解説します。

① Google Classroom のホーム画面

Classroom を開くと、いちばん始めに「ホーム」画面が表示されます。ホーム画面の見方を確認しましょう。

❶ホーム	ホーム画面に戻る
❷カレンダー	クラスのカレンダーを表示できる
❸リソース	演習セット（Sec.67参照）を作成したり、作成した演習セットを確認したりできる
❹指導科目	自分が参加しているクラスが表示される
❺チェックが必要な課題	生徒に提出した課題を確認できる
❻クラス	参加しているクラスが表示される
❼アーカイブされたクラス	アーカイブしたクラスを確認できる
❽設定	Classroom の各種設定ができる
❾クラスを作成またはクラスに参加	クラスを作成したり、参加したりできる
❿アプリランチャー	各種アプリのショートカットが集まっており、すばやくアプリを立ち上げられる

② クラス画面で表示されるメニュー

Classroom の「ホーム」画面でクラスを選択すると、クラスの画面に切り替わります。クラスで表示されるメニューも合わせて確認しましょう。

❶クラス	クラスを選択すると、画面が切り替わり、「ストリーム」「授業」「メンバー」「採点」の表示タブが追加される
❷ストリーム	クラスの連絡用掲示板として利用できる
❸授業	授業に関連した課題や資料を作成・配付できる
❹メンバー	授業を構成するメンバーを招待したり、削除したりすることができる
❺採点	生徒から提出された課題を採点したり、返却・フィードバックしたりすることができる
❻Meet	クラス専用の Google Meet を立ち上げてオンライン授業ができる
❼カレンダー	クラスのカレンダーにアクセスできる
❽ドライブ	クラスごとのドライブにデータが自動的に保存される仕様になっており、ドライブにアクセスできる
❾設定	クラスの各種設定ができる

 設定の違い

Classroom のホーム画面とクラス画面の両方に「設定」の項目がありますが、できることには大きな違いがあります。それぞれの画面からできる設定について確認し、自分の使い方に合わせて使いやすくカスタマイズしましょう。

Classroom の設定	主にコメントや自分が教えるクラスの課題提出に関する通知をするかどうかなどの切り替えができる
クラスの設定	クラスの Meet の管理やストリームの投稿権限の変更、採点のしくみなどを設定することができる

06 | Google Classroom の 運営ポイント

ここで学ぶこと

・組織編成／ルール 策定
・情報伝達
・課題配付／成績管理

オンライン上のクラスを運営するには、どういった点に留意する必要があるでしょうか。Classroom の運営ポイントは、日々の対面でのクラス運営とほぼ変わりません。これを理解することで、実際の活用がグッと効果的になります。

① 組織編成

🗨 解説

クラスの人数

クラスには、最大で1,000人（そのうち、1クラスあたりの教師の数は50人まで）を招待することができます。クラスの用途に応じて、メンバー構成を検討しましょう。

💡 ヒント

組織の機能性

組織づくりのスタートは人事と予算です。Classroom は基本的に無料で提供されているアプリのため、人事にだけ気を配れば問題ありません。そして、ここを上手に采配できるかどうかで、組織の機能性はグッと変化します。もし組織が当初の思惑ほど機能しない場合には、その原因を把握し、人事を動かして組織に変化を加えることで、機能性を高める工夫も有効です。

クラスを運営するには、そこに紐付いたメンバーをどのように構成するかが鍵になります。

Classroom ではクラスに入る人は任意で選択することができますが、教師役と生徒役を割り振る必要があります。

Classroom のクラス例：ホームルーム

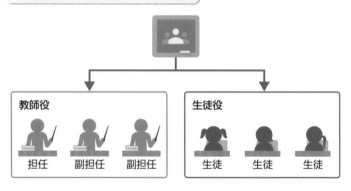

教師役			生徒役		
担任	副担任	副担任	生徒	生徒	生徒

このため、ホームルームであれば担任・副担任とクラスに所属している全生徒を入れ、選択教科であれば担当教諭とその教科を選択している生徒を入れる、といった具合にクラスを作成していきます。

また、クラスに入る最大人数は1,000人です。これはすなわち、よほどの大規模校でなければ、「学校」や「学年」という巨大なクラスを作成できるということでもあります。

このように捉えると、「クラス＝組織」と読み替えることができます。どのような組織を作成すれば、学校運営や学級運営がスムーズに進められるかを考えることが大切になります。

② ルール策定

💡 ヒント

ルールの最適化を図る

ブレないという意味では一度決めたルールを変えずに継続することが必要かもしれませんが、柔軟に変更を加えることでそのクラスの実態にあった運用ができるはずです。教師と生徒という人間同士がつくるクラスだからこそ、その時々に起こるさまざまな事象に目を向けながら、運用ルールの最適化を図っていきましょう。

クラス運営を円滑に進めるには、教師と生徒との間での約束事が必要です。

対面でのクラス運営であれば、「授業開始5分前には準備をして着席しておく」や、「発言は手を挙げてから行う」のような決めごと（学級規律）を、学級開きのときに取り決めることが多いでしょう。

Classroom を活用する際にも、こうしたルール策定を初期に行うことで、スムーズな運営が実現できます。

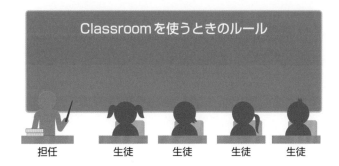

たとえば、クラスの情報掲示板である「ストリーム」への投稿権限はいくつかの方法から選択できます（Sec.29 参照）。どういった方針でストリームを利用するのか、始めのうちにしっかり検討を行いましょう。

✏️ 補足

ストリームを利用する際のルール例

Classroom を使い始める前に、ストリーム利用時のルールを決めておくとよいでしょう。Classroom だけに限らず、インターネットを使うときのマナー（言葉づかいに気をつける、相手の言葉を勝手に判断しないなど）や情報モラルとも合わせて指導を行うとより効果的です。

・学習に関係のあることだけに利用する（個人的な連絡は行わない）
・他人が嫌がるようなことは書き込まない

学級開きと同様に、Classroom 上のルールの策定を行うと、スムーズな学級運営のスタートを切ることができるでしょう。

❸ 情報伝達

💬 **解説**

情報伝達における ICT 活用

情報伝達に ICT を活用することで、伝達スピードと量がグッと上がります。たとえば、コストを理由にカラー印刷を躊躇していた学級日誌をデジタル配付すれば、文章量も写真の枚数も気にせず、日々の生徒たちの様子を生き生きと伝えることができます。また、デジタルデータは加工がしやすく、再利用ができることもメリットです。

クラスを運営するうえで必要不可欠なことに、「情報伝達の手段を確保する」ということがあります。

対面でのクラス運営であれば、生徒との間で紙の連絡帳を用いたり、黒板を連絡ツールとして使ったりするときもあるでしょう。また、学級の目標を教室内に掲示しているかもしれません。ほかにも、学級通信を作成し、保護者に学級の様子を伝えるといった工夫をしている先生もいるかもしれません。

対面時の情報伝達手段例

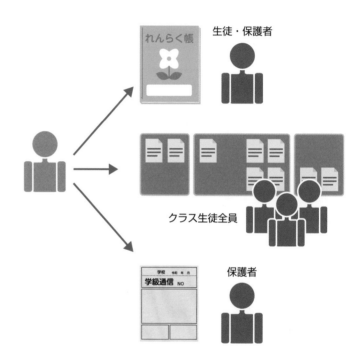

ICTを活用すると、生徒とのコミュニケーションがスピードアップし、伝達がより円滑になったり、プリント類の印刷や配付の手間を削減できて働き方改革にもつながったりなど、さまざまなメリットがあります。

そのように考えると、日常的な情報伝達の手段として Classroom を利用しない手はありません。連絡帳、教室掲示、学級通信などはもちろんのこと、学級・学年メールで配信していたものがあれば Classroom に変更するなど、クラスのさまざまな情報を Classroom に集約することで、Clasroom が大きな存在へとなっていきます。

④ 課題配付

授業づくりに関わる「課題配付」

クラスの基盤づくりが①組織編成〜③情報伝達に挙げた内容だとすると、授業に関することが④課題配付と⑤成績管理になります。教師の業務は多岐にわたりますが、やはり「授業」が本懐となるところでしょう。④を掘り下げることで、授業づくりの方法やアプローチも変容してきます。

授業を行う際、知識理解の手助けを目的に補助プリントを作成したり、発展的な内容を取り扱うために補助プリントを配付したり、学習事項の定着を図るために確認テストを行ったりすることがあるでしょう。
しかし、すべてをアナログで行うと、印刷室で順番待ちをしたり、生徒が配付したプリントを紛失したりと、何かと不便な点も出てきます。

アナログ配付の不便な点

こうした場面で Classroom を利用すれば、課題の作成・配付・回収・採点をすべてデジタル上で完結させることができ、ワークフローを大幅に改善することができます。
たとえば、授業中の生徒の理解度を見ながらすばやく配付プリントを追加したり、生徒が書き込んだワークシートに即座にフィードバックを行ったりすることが可能です。

アナログの場合

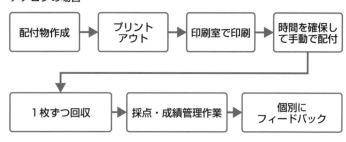

Classroom の場合

教師と生徒とのコミュニケーションを充実させ、教師の業務負担を軽減し、生産性を高めることで、働き方改革にもつながります。

⑤ 成績管理

デジタル採点への対応

デジタルでの採点に適した問題の形式とそうでない形式があることは事実ですが、今後、便利なツールの開発によって、こうした課題は解決されるかもしれません。ICTを取り入れて採点の効率化を図っておくことは、長い目で見ても必ずや足元の業務改善につながるでしょう。

採点業務は、担当するクラスの生徒の人数が多くなればなるほど負荷が大きく、答案用紙の持ち出しができないため、時間的にも制約がかかる業務です。

このため、定期テスト以外にテストを実施すると、自らの首を締めることになりかねない現実があります。

しかし、ICTの利点である自動化の技術を使えば、自動採点によって今より業務負担を減らすことができます。

また、クラウドベースなので、答案用紙の持ち出しによる紛失といったリスクを回避しつつ、採点業務を進めることができます。さらに、採点した点数を転記する際のヒューマンエラーも減らすことができます。

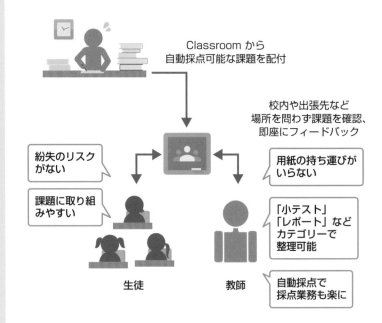

Classroom から配付する課題では、配点・採点ができ、自動採点を行うこともできます。また、配付した課題を「小テスト」や「レポート」といったカテゴリーに分類することで、採点後の評価をしやすくする工夫も可能です。

さらに、ルーブリックの機能も搭載しているので、記述式の課題やレポートの提出物についても配点・採点することがかんたんにできます（Sec.57参照）。

山積みになった答案用紙とお別れして生徒と向き合う時間の確保へ。Classroom であれば、あっという間にそれを叶えてくれます。

第 **2** 章

Google Classroom の
活用サイクルを知ろう

07 | Google Classroom が ある一日

ここで学ぶこと

・Classroom を日常に 位置づける

・Classroom がある 一日のサイクル

Classroom を使うと、いつでも・どこでも・どの端末からでもクラス運営ができ、日常に位置づけることで、一日の動きが変わり始めます。Classroom がある一日のイメージと、日常に位置づけする際のステップについて解説します。

❶ 毎日のシーンに Google Classroom を日常に位置づける

「Classroom を日常に位置づける」と聞いて、どういったイメージが思い浮かぶでしょう。

「担当しているクラスはあるけれど、正直にいって、どのような内容を投稿すればよいのかわからない」という人も多いでしょう。あるいは、教科を担当している人であれば、「とくに生徒に提出させる課題がないから、投稿することがない」といった意見もあるかもしれません。

ですが、最初のうちはあまり肩肘張らずに考えることが大切です。普段、教室に入って生徒たちと話すことは、必ずしも熟考しているわけではないはずです。時事ネタや昨日身近で起こったことなど、些細なことでも構いません。教師と生徒との関わり方という点で、Classroom で発信し、やり取りをするだけでもきっかけとしては十分だといえます。

毎日先生からメッセージが届くようになったなぁ。

先生からすぐ課題が戻ってくる！

○○さんの意見、わかりやすいな！

授業の感想に友達からコメントがきた！次もしっかり取り組みたい！

日直の仕事で「週末の過ごし方」についてクラスで配信してから帰ろうっと。

最初のうちは続けることに苦労があったり、負担感を感じてしまったりするシーンにも出くわしてしまうかもしれません。しかし、やり続けることで、次第に子どもたちが動き出していきます。

日常の導線に変化が起きれば、次第に端末を使うようになり、授業での端末活用にもつながり、その頻度は上がっていくでしょう。

② Google Classroom を日常に位置づけるステップ

Classroom を日常に位置づけるための3つのステップを紹介します。

① 身の回りのことを発信する

最初は教師主導で発信することが多くなるかもしれませんが、日直や係活動などに Classroom での情報発信を位置づけることで、生徒が自分たちなりに考えながら Classroom を利用してくれるようになります。学習（授業）以外の場面で、朝や帰りのホームルーム、給食時間、休み時間といった生活場面の要所要所で生徒が主体となり発信するしくみづくりをしてもよいでしょう。ホームルーム用のクラスを作成し、ストリームから情報を発信する方法があります。

② 毎日、定量的に確認したいデータなどを投稿する

学校に登校したときの気分ややる気をアンケートで確認したり、昨日の家庭学習の勉強量を測ったりするなど、手軽に入力できる項目を用意しておきます。クラスの「授業」画面から課題を作成し、Google フォームでアンケートを添付したり、選択式の問題を作成したりすることで、生徒たちの状態をすばやく把握するのに役立ちます。導線づくりと生徒指導のヒントを得ることができて一石二鳥です。

③ 授業に関する準備を行う

徐々に日常的な発信が行えるようになったら、授業に関する準備や手順などを Classroom で伝えていきます。クラスの実態や授業の内容に応じて、授業を行う前日までに「授業」画面から課題として配付します。授業の準備物などがわかれば、生徒は各自で確認して必要なことを自分たちで率先して行うようになります。また、あらかじめ手順が示されていれば、授業を主体的に進めることができるようになります。

③ 日常に Google Classroom がある業務サイクル

Classroom を利用することで、教師の一日のサイクルも変わっていきます。下の表は、とある教師が、Classroom を使って一日の業務を行う様子を時間割で示しています。Classroom を一日のサイクルに組み込むことによって、教師にとってはより働きやすく、生徒にとってはより学びやすい環境をつくりあげることができます。

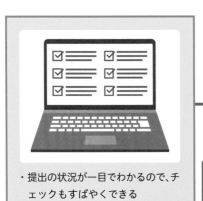

・提出の状況が一目でわかるので、チェックもすばやくできる

・教室に出向かなくても、職員室から生徒とコミュニケーションが可能
・ちょっとしたアイスブレイクにもなり、クラス運営もスムーズに

・自動採点機能を使って、効率的に採点と返却を実施

時間	To Do
8:00	昨日の家庭学習量の確認
8:03	生徒とのコミュニケーション
8:07	授業準備①
8:10	授業準備②
8:25	同僚と談笑
8:35	1時間目の授業へ移動
12:30	昼休み
13:00	出張で市内の他校へ訪問
16:30	今日の家庭学習量の確認
定時	退勤

教師も生徒もさまざまな情報を Classroom に集約することができれば、Clasroom を活用する価値が高まります。授業やホームルームはもちろん、部活動や委員会など、さまざまなシーンで教師と生徒をつなぐコミュニケーションの基盤に Classroom を位置づけましょう。

Classroom での対応
担任クラスの課題を確認し、昨日の取り組み量を把握。頑張っている生徒や気になる生徒をチェックする
生徒がストリームに発信した内容に対してコメント。生徒同士が交流しやすい雰囲気を醸成する
前日の確認テストを採点し、返却。「成績の読み込み」機能を使って採点データも更新する
本日の学習の材料を集めて、手順を示して「課題」として配付
同僚が話題提供してくれた時事ネタを Classroom に即座に投稿
Classroom に示した「課題」をもとに、生徒たちに主体的に学んでもらう
1時間目の授業で提出した課題のチェック。コメントをフィードバックする
他校で聞いた取り組みを、自校の若手教員にも知ってもらうために、教員研修用の Classroom に写真などを交えて投稿
学習量把握のための課題を、以前の投稿を再利用してすばやく配付

【本時の目標】
・・・・・・・・・・
【本時の流れと目安の時間】
・・・・・・・・・・
【評価】
S：
A：
B：
C：

・学習内容や手順をあらかじめ示すことで生徒の主体的な学びを誘導
・編集／追加がすばやく行えるのもデジタルのよいところ

・出張先であっても気づいたことをすばやく共有する

Section

08 | Google Classroom が ある一年

ここで学ぶこと

・Classroom がある 一年のサイクル

Classroom を使い始めるとき、一日の動きを意識することはもちろん、年間を通した見通しを持っておくと、より便利に使うことができるようになります。Sec.06 で示したクラス運営のポイントに沿って押さえていきます。

転入生が来たら

組織編成を都度見直し、転入生をメンバーに加えます。

ルール策定

組織編成の次に行うのが教師と生徒との間での約束事を決めることです。つまずいたり、立ち止まったりしたときに、戻れる場所をつくっておくのは大事なポイントです。

START

組織編成

すべてのスタートは組織編成からです。教師と生徒の組み合わせをしっかり検討して、クラスを作成します。

GOAL

年度更新

一年が終わりを迎える頃には、Classroom も次のサイクルへと移り変わりです。年度更新については、Sec.09 で詳しく解説しています。

成績処理が近づいたら

Classroom の「採点」タブを確認し、課題の提出状況やテスト結果をチェックして評価の参考にします。

情報伝達

日常的な情報伝達の手段として、Classroom を利用します。Sec.07 のステップを参照して、基盤をつくりあげていきます。

！ ストリームの書き込みで嫌な思いをした生徒が出現

ルールを見直し、情報モラルについて教室で考えます。

！ 夏休みが来たら

長期休み用の課題を Classroom で配付。端末の持ち帰り学習にもつながります。

課題配付

課題の作成・配付をかんたんに行うことができ、再利用もできるので、あらゆる学習の素材を Classroom に集約します。

成績管理

採点やフィードバックもすばやく実行。自動採点もフル活用すれば、生徒の学びを止めることなく持続できます。

！ 文化祭が近づいたら

Classroom で文化祭用のクラスを新規作成。プロジェクトメンバー同士の情報共有の場として利用します。

Section
09 | Google Classroom の年度更新作業

ここで学ぶこと

・年度更新作業
・Classroom の年度更新作業

Classroom には常にメンテナンスが必要ですが、とりわけ、年度末に起こる重要なイベントに「年度更新作業」があります。その重要性を理解して、滞りなく対応を済ませましょう。

① 年度更新作業を理解する

解説

一人一台端末の年度更新作業

文部科学省では年度更新作業に必要なタスクリストをまとめて公表しています。

・文部科学省「1人1台端末の年度更新について」
https://www.mext.go.jp/a_menu/shotou/zyouhou/detail/mext_01736.html

年度末になると、校内の ICT 担当者がバタバタと忙しそうにしている姿を目にしたことがある人もいるのではないでしょうか。

これは年度更新作業に追われているためです。生徒の卒業や進級、職員の異動、退職などのイベントに対応したり、次年度に向けて在学生や新入生の数を確認し、端末の数量を調節したりする作業を行います。

クラウドを前提にした一人一台端末環境の年度更新作業では、「アカウント (ID) の更新」「端末の更新」「データの取り扱い」「組織体制の整備」などの観点で対応をする必要があるといわれています。

いずれにしても膨大な作業範囲であることから、計画的に対応者を決めたり、体制を整えて進めたりする人が必要不可欠です。

② 年度更新作業の内容を把握する

年度更新作業の対応

年度更新作業は校内のICT担当者や教育委員会など組織の管理者が対応するケースがほとんどです。ただ、次ページで説明する Classroom の年度更新作業が全体のどこに位置づいているかを把握することは大変重要です。担当者や管理者がスムーズに作業をできるよう協力して作業にあたりましょう。

年度更新作業では、やらなければならないことに対して、どの場面で、誰が、どのように対応にあたるかが異なります。下記の表を参考にして、全体像を把握しましょう。

なお、Google for Education では、ユーザー、Chromebook、ネットワークなどの設定は管理コンソールから一元的に管理することができます。このため各種手続きの負担を大きく軽減することができます。

年度更新作業の To Do リスト

To Do	新入生の入学処理	在校生の進学処理	卒業生の卒業処理	教職員の異動処理	対応する人
アカウント	ユーザーアカウントの作成	ユーザーアカウントの更新	ユーザーアカウントの削除	ユーザーアカウントの更新	管理者
データの引き継ぎ	—	—	データの移動	データの移動	管理者・卒業生
管理コンソールの組織部門 (OU)	組織部門 (OU) の新規作成	組織部門 (OU) の更新	組織部門 (OU) の削除	所属する組織部門 (OU) の変更	管理者
管理者権限	—	—	—	管理者権限の削除・付与	管理者
メーリングリスト	グループの作成	グループの削除・入れ替え	グループの削除	・グループの削除 ・オーナーの変更 ・グループへの追加	管理者もしくはグループのオーナー
Classroom	クラスの作成	・クラスのアーカイブ ・登録メンバーの追加	クラスのアーカイブ	・クラスのアーカイブ ・クラスの削除 ・クラスのオーナーの変更	クラスの教師
Chromebook	—	—	端末のアカウント削除	端末のアカウント削除	管理者もしくは個人

③ Google Classroom の年度更新作業

解説

オーナー変更の手順

クラスのオーナー権限を副担任に譲渡して、副担任を担任（クラスのオーナー）にすることができます（61ページ側注補足参照）。自分がクラスのオーナーだったものの、人事異動や担当変更などによって引き継ぎが発生したクラスはオーナーを変更しましょう。なお、副担任が譲渡を承諾するまで、クラスのオーナーはもとの担任のままになります。譲渡が完了すると、もとの担任はクラスの副担任になります。なお、クラスを削除できるのは担任（クラスのオーナー）のみです。

39ページの表にもあるように、Classroom での年度更新作業は基本的にクラスの教師が担うことになります。作業を怠ると新年度のスタートを思うように切れなかったり、中途半端なままクラス運営を進めていかざるをえなくなったりするので、春休みなど時間のあるときに対応しましょう。

クラスの作成（Sec.16参照）

新年度に向けて必要なクラスをしっかり吟味して、クラスの作成（クラス編成）を行います。

登録メンバーの追加（Sec.17参照）

教師の人事異動や生徒の転入出などによって組織やクラス編成も様変わりするでしょう。必要に応じて登録メンバーの見直しを行います。

クラスのアーカイブ（Sec.22参照）

新年度に使う必要がなくなったクラスは一時的にアーカイブしましょう。

クラスの削除（Sec.24参照）

新年度以降、まったく使わないクラスは削除を行い、Classroom のホーム画面を使いやすく整理しましょう。

第 **3** 章

Google Classroom を 利用する準備を整えよう

10 Google Chrome を知ろう

ここで学ぶこと

- Google Chrome の特徴
- シームレスな同期
- Web ブラウザ

Classroom は Web サービスですが、一人一台の端末が配付されている教育機関では、ブラウザベースで利用することが多いでしょう。Google が提供する Web ブラウザ「Google Chrome」はシンプルかつ安全に利用できるので、世界中で人気があります。

① Google Chrome の特徴

📝 補足

Web ブラウザの種類

「Google Chrome」以外にも、Firefox や Opera、Microsoft Edge などいくつかの Web ブラウザがあります。使い勝手などを比較してみると、Chrome の使いやすさに気がつくと思います。

Chrome は Google が無償提供している Web ブラウザで、世界でもっとも利用されています。ここでは、主な特徴を紹介します。

シンプルで使いやすい

Chrome が人気の理由はいくつかありますが、もっともいえることはシンプルで使いやすいことです。

画面構成がシンプルなので初心者でも迷うことなく使い始めることができます。いざ、検索をするときでも独自のアルゴリズムで検索結果を導き出したり、サジェッションをしてくれたりするので、ユーザーの意図に応じた検索結果を得やすい点でも便利です。

Google アカウントとの連携

Google アカウントを利用することで、Gmail や Classroom などのアプリも使うことができます。

豊富な拡張機能

世界でもっとも利用されていることから、便利な拡張機能が豊富に用意されており、ユーザーの好みに応じて追加・削除が自由にできることも特徴です。

💬 解説

Google Chrome のアイコン

Google カラーが配置された印象的な Chrome のアイコンは、2022年に変更されました。以前のものに比べて影がなくなって、きりっとした印象になりました。

② 複数のデバイスでシームレスに活用する

🔍 重要用語

同期

同期とはIT用語では、データが同一の状態に更新されることを意味します。Chrome の同期をオンにしておけば、デバイスを問わずいつでも同じ状態で利用できます。同期をオンにするには、Chrome を表示し、画面右上のプロフィールアイコンをクリックしたら、[同期を有効にする]→[有効にする]の順にクリックします。

💡 ヒント

同期するデータ

同期するデータは選べるようになっており、変更も可能です。同期をオンにしたあと、Chrome の画面右上のプロフィールアイコン→[同期は有効です]→[同期する内容の管理]の順にクリックし、[同期をカスタマイズする]をクリックしてチェックを付けます。主な設定項目として、ブックマーク・拡張機能・履歴・設定・テーマ・リーディングリスト・開いているタブ・パスワードなどがあります。

セキュリティと自動アップデート機能

Chrome はセキュリティも万全で、「安全に使える」ことも押さえておきたいポイントです。

フィッシング・サイトや不審なWebサイトに対する警告が表示されるほか、そのようなサイトから有害なデータなどを自動的にインストールされないようにする機能を搭載しています。

また、すべての更新プログラムを自動的にインストールし、セキュリティ上の欠陥を取り除く「自動更新機能」などが搭載されています。

そのため、調べ学習などで生徒に使わせるときでも、安心して利用することができます。

デバイスに限定されないシームレスさ

Chrome は、パソコンはもちろん、iPadのようなタブレットやAndroidスマートフォンなどのアプリでも使うことができ、同じGoogle アカウントでログインすると保存したブックマークなどは自動で同期してくれます。なお、同期するデータを設定する方法については、左の側注ヒントを参照してください。

複数のデバイスでシームレスに活用ができるところも、Chrome を使うメリットになります。

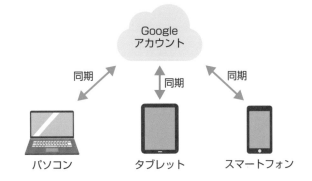

11 | Google Chrome の 特徴を押さえよう

ここで学ぶこと

- タブ
- ブックマーク
- 拡張機能

Chrome でできることを押さえておくことで、使いこなす道筋が見えてきます。とくによく使う Web サイトはブックマークを利用しましょう。追加したブックマークは、あとから保存場所のフォルダや名前を変更することも可能です。

① タブの表示内容を確認する

重要用語

拡張機能

Chrome の使い勝手を向上させる拡張機能の多くは無料で提供されています。Chrome ウェブストア (https://chromewebstore.google.com/) で好みのものを探してみましょう。

補足

おすすめの拡張機能

Google Mail Checker	Gmail の未読メール数をリアルタイム表示できる。作業の効率化につながる
Auto Pagerize	分割表示されている Web サイトを1つに統合して読みやすくできる
こえもじ	Google Meet の拡張機能。Meet の利用時に字幕表示をしたり、テキスト内容をチャットに記録したりすることができる

Chrome でアプリを開くとタブが立ち上がります。各アプリはタブごとに表示されることになります。

❶タブ	開いた Web サイトを切り替える
❷ウィンドウ	Web サイトやアプリを表示する
❸共有	開いた Web サイトをワンクリックで共有できる
❹ブックマーク	開いた Web サイトをブックマーク (お気に入り登録) する。あとからでもかんたんにアクセスできる
❺リーディングリスト	今は読む時間がない Web サイトをリストに登録して、すばやく呼び出すことができる
❻拡張機能	Chrome の機能を増やしたり、強化したりする専用の追加プログラムを設定できる
❼設定	閲覧履歴を確認したり、各種設定を行ったりすることができる

② ブックマークを使う

🗨 解説

ブックマークも同期される

よく使う Web サイトは、ブックマークとして Chrome に記憶することができます。手際よく該当の Web サイトにアクセスできるので、作業効率がアップします。Chrome の同期をオンにしておけば（43ページ側注参照）、デバイスを問わずいつでも同じ状態で利用でき、ブックマークも引き継がれます。

✨ 応用技

任意のページを設定する

「起動ページ」、または「ホームページ」として任意のページを開くように Chrome をカスタマイズすることができます。起動ページとホームページには、それぞれ別のページを設定できます（同じページにすることも可能です）。
なお、起動ページとはデバイスで最初に Chrome を起動したときに表示されるページ、ホームページは 🏠 をクリックしたときに表示されるページのことを指します。

● 起動ページを設定する
画面右上の ⋮ →［設定］→［起動時］の順にクリックし、任意のページをクリックして選択します。

● ホームページを設定する
画面右上の ⋮ →［設定］→［デザイン］の順にクリックし、［ホームボタンを表示する］をクリックしてオンにします。［新しいタブページ］をクリックしてチェックを付けるか、［カスタムウェブアドレスを入力］をクリックして任意の Web サイトの URL を入力します。

ブックマークを追加する

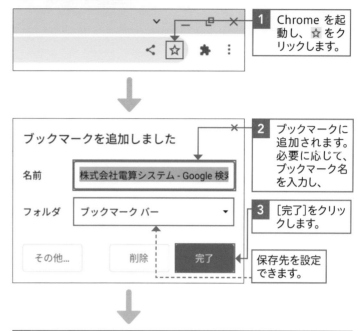

1 Chrome を起動し、☆ をクリックします。

2 ブックマークに追加されます。必要に応じて、ブックマーク名を入力し、

3 ［完了］をクリックします。

保存先を設定できます。

4 追加したブックマークが、ここではブックマークバーに表示されます。

ブックマークマネージャを利用する

ブックマークは「ブックマークマネージャ」を使うことで、フォルダ分けしたり、並び替えしたりして、整理することもできます。

1 画面右上の ⋮ →［ブックマーク］→［ブックマークマネージャ］の順にクリックします。

2 必要に応じて、フォルダ変更・名前変更などを行います。

Section

12 | タブを整理して使おう

ここで学ぶこと

・タブの固定
・タブの履歴
・閉じたタブの復元

Chrome を利用するには、タブに慣れることが必要不可欠です。聞き慣れない用語かもしれませんが、ルーズリーフを整理するときに使う見出しを書いたシールだと捉えると、理解しやすくなります。

① タブを固定する

解説

タブを固定する

タブを固定することで、たくさん開いたタブを見やすく整理でき、作業効率のアップにつながります。

ヒント

おすすめのタブ固定アプリ

Gmail、チャット、カレンダー、ドライブ、Classroom は使う頻度が高いので、固定することで使い勝手が向上します。

補足

タブを並び替える

タブは好きな位置に移動することができます。移動したい位置にドラック＆ドロップすると、移動することができます。

ショートカットキー

タブを閉じる

`ctrl` + `w`

---

1 固定したいタブを右クリックします。

2 表示されるメニューから[固定]をクリックします。

3 タブ一覧の左側に固定されます。

② タブの履歴を活用する

 解説

タブの履歴

タブを操作していると、誤って閉じてしまうことがあります。このような場合は、「タブの履歴」を活用すると復元もできて便利です。

📝 補足

タブの履歴を管理する

Chrome でアクセスしたページの記録を残したくない場合は、すべて、または一部の閲覧履歴を削除できます。閲覧履歴を削除すると、Chrome にログインして同期をオンにしているすべてのデバイスから該当の履歴が削除されます。

● すべての閲覧履歴を削除する
手順 2 の画面で、[履歴]→[履歴]の順にクリックし、[閲覧履歴データの削除]をクリックしたら、「閲覧履歴」にチェックが付いていることを確認してから[データを削除]をクリックします。なお、閲覧履歴のほか、「Cookie と他サイトデータ」や「キャッシュされた画像とファイル」のデータも必要に応じて削除できます。

● 一部の閲覧履歴を削除する
手順 2 の画面で、[履歴]→[履歴]の順にクリックし、削除したい閲覧履歴のチェックボックスをクリックしてチェックを付け、[削除]→[削除]の順にクリックします。

⌨ ショートカットキー

直前に閉じたタブを復元する

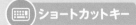
[ctrl] + [shift] + [t]

1 画面右上の ⋮ をクリックし、

2 表示されたメニューから[履歴]をクリックします。

3 復元したい Web サイトをクリックします。

4 閉じたタブが復元されます。

Section

13 ウィンドウを切り替えて作業しよう

ここで学ぶこと

・新しいウィンドウ
・ウィンドウの分割
・デスクの追加

開いたタブの間の行き来が多いときなどは、新しいウィンドウを開いて作業をするとより効率的に作業できます。ウィンドウを複数開いておくと、ウィンドウごとに別の作業を行うことが可能です。

1 新しいウィンドウを開く

ショートカットキー

新しいウィンドウを開く

`ctrl` + `n`

1 タブの右側にある ＋ をクリックし、新しいタブを開きます。

ショートカットキー

ウィンドウの切り替え

`alt` + `tab`

2 開いたタブをドラック＆ドロップで、上下いずれかの方向に動かすと分割され、別ウィンドウとして表示されます。

ヒント　ウィンドウを一覧で表示する

複数のウィンドウを開いた際には、ウィンドウをすばやく行き来することも作業の効率化には必要不可欠です。Chromebook の場合は、キーボード真ん中上部にある「スイッチウィンドウキー」□□ を押すと、開いているウィンドウが一覧で表示されます。

② ウインドウを分割して作業する

⌨ ショートカットキー

ウィンドウの分割表示

● 画面を2つに分割してウィンドウを左に寄せる

`alt` + `@`

● 画面を2つに分割してウィンドウを右に寄せる

`alt` + `]`

✏ 補足

ウィンドウの分割表示を手助けする拡張機能

Chrome を使うときにウィンドウの分割表示を便利に行うための拡張機能が「Tab Resize」です。横に2分割、縦に2分割、4分割などのオプションから分割形式を選ぶことができるほか、自分の好きな分割方法を設定することもできます。Chrome ウェブストアから Chrome に追加可能です。

1 画面右上にある ◻ にマウスポインターを合わせます。

2 表示形式の候補が表示されるので、右側に寄せて表示させたい場合は「分割」の右側をクリックします。

3 ウィンドウが右側に寄せて表示されます。

✨ 応用技 デスクの追加

Chromebook では、デスクを追加すると、マルチタスク向けに複数のウィンドウを整理できます。デスクとは文字通りに机をイメージするとわかりやすいでしょう。たとえば、1つのデスクは授業に関わる作業を行い、もう1つのデスクでは校務を扱うといったように作業内容を切り分けることで仕事を円滑に進めることができます。デスクを追加するには、▯▯ を押して、右上の ➕ をクリックします。

Section

14 シークレットウィンドウを使おう

ここで学ぶこと

・シークレットウィンドウ
・シークレットブラウジング

Chrome で閲覧内容が記憶されないようにするには、シークレットウィンドウでシークレットブラウジングを行います。シークレットウィンドウでは、閲覧に関するデータが保存されないしくみになっています。

① シークレットウィンドウを使う

🔍 重要用語

シークレットウィンドウ

インターネットを利用した際には、Cookieや閲覧時間などのデータの履歴が残ります。そのため、閲覧した履歴やデータを残したくない場合は、シークレットウィンドウを利用しましょう。またそれ以外に、海外の危険なWebサイトを閲覧した際、相手（海外のサイト運営者など）にこちらの情報を渡さないためにも使われます。

1 画面右上の ⋮ をクリックし、

2 表示されたメニューから [新しいシークレットウィンドウ] をクリックします。

3 シークレットウィンドウが表示され、シークレットモードに切り替わります。

⌨ ショートカットキー

新しいシークレットウィンドウを開く

[ctrl] + [shift] + [n]

第 **4** 章

クラスを組織しよう

15 | Google Classroom を 立ち上げよう

ここで学ぶこと

・アプリの立ち上げ
・アプリランチャー
・役割の選択

Classroom のアプリを利用する手順を確認しましょう。慣れてしまえばかんたんな操作ですが、いろいろなアクセス方法があることを知るのも大切な視点です。なお、Classroom の利用を開始するには、役割を選択する必要があります。

① Google Classroom のアプリを立ち上げる

💡 ヒント

アドレスバーから立ち上げる

Chrome のアドレスバーに「classroom.google.com」と入力すると Classroom のアプリにアクセスすることができます。Google のアプリが固有のURLで動いていることを感じる瞬間です。

✏️ 補足

Google Classroom のスマホアプリ

Classroom は、iOSとAndroidのスマートフォン版アプリとしても提供されています。タブレットやスマートフォンでも利用することができ、ブラウザ版とほぼ同等の機能が使えるようになっています。iOSは「App Store」から、Androidは「Play ストア」からインストール可能です。アプリを起動したら、ブラウザ版で使用しているアカウントを選択します。

アプリランチャーから立ち上げる

すばやくアプリを開くには、Chrome を開いたときに右上に表示される「アプリランチャー」からアクセスするのが便利です。

1 ⋮⋮⋮ をクリックし、　　**2** [Classroom]をクリックします。

ランチャーから立ち上げる

Chromebook の場合、[ランチャー]をクリックすることでもアプリを起動したり、インターネット検索をしたりすることができます。

1 ◎ をクリックし、　　**2** [Classroom]をクリックします。

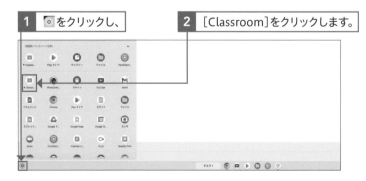

② 役割を選択する

1 52ページを参考に、Chrome でアプリランチャーを立ち上げ、[Classroom] をクリックします。

解説

役割を変更する

Classroom のアプリを利用するには、教師役と生徒役が必要です。手順 **3** の画面で役割に応じた立場を選択すれば、Classroom が立ち上がります。教師役と生徒役を誤って選択した場合には、自分で変更することができません。そのような場合は、慌てずに校内の IT 管理者に相談してください。Google Workspace for Education の管理者であれば「教師」から「生徒」、「生徒」から「教師」への役割の変更が可能です。

2 ［続行］をクリックします。

3 「役割を選ぶ」画面が表示されます。ここでは教師としてクラスを作成するので、［私は教師です］をクリックします。

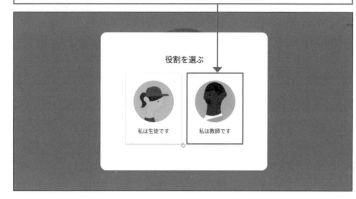

補足

ブックマークする

Classroom を立ち上げることができたら、45ページを参考にブックマークしましょう。アクセスがより便利になります。

ヒント　教師役と生徒役の違い

教師役と生徒役では、普段の教室と同様に、できることにいくつかの違いがあります。
とくに大きな違いの1つに、「クラスの作成権限」があります。教師役はその権限があるものの、生徒役には権限が付与されていません。
なお、教師役を選んでも、ほかのクラスに生徒役として加わることもできます。そのため、Sec.19で紹介するような教員研修用のクラスを作成することも可能です。

Section
16 新しいクラスを作ろう

ここで学ぶこと

・クラスの作成
・クラスの詳細設定
・クラス名の変更

Classroom の運営ポイントを考えるうえで、もっとも基本となるのがクラスの作成です。ホームルームや教科、部活動、委員会など、必要に応じてクラスを作成し、円滑に組織運営を行いましょう。

① クラスを作成する

✏ 補足

クラス作成時の上限設定

教師役として Classroom を作成できる数は無制限ですが、1クラスに参加できる教師の上限は50名です。このほかにも、Classroom にはいくつかの制限があるため、このあたりも踏まえて組織編成を行いましょう。

1クラスあたりの教師数	50人
クラスのメンバー（教師と生徒）	1,000人
参加できるクラス	1,000個
作成できるクラス	制限なし
生徒1人あたりの保護者数	20人

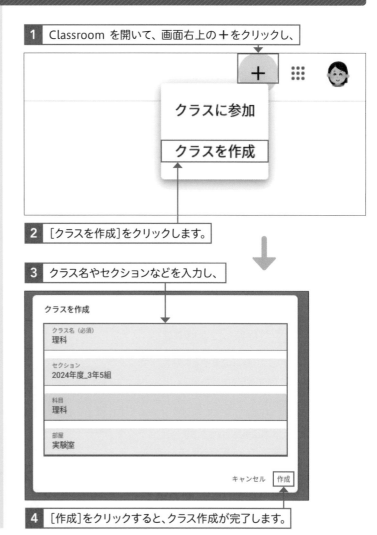

1 Classroom を開いて、画面右上の＋をクリックし、

クラスに参加

クラスを作成

2 [クラスを作成]をクリックします。

3 クラス名やセクションなどを入力し、

クラスを作成

クラス名（必須）
理科

セクション
2024年度_3年5組

科目
理科

部屋
実験室

キャンセル　作成

4 [作成]をクリックすると、クラス作成が完了します。

② クラスの詳細設定を行う

 ヒント

詳細設定の表示のしくみ

クラスの詳細設定のうち、「クラス名」と「セクション」が Classroom のホーム画面に反映される項目になります。このための、この2項目はわかりやすく設定をしておくのがおすすめです。

1 クラスを表示し、画面右上の ⚙ をクリックします。

2 「クラスの詳細」から詳細設定を行います。

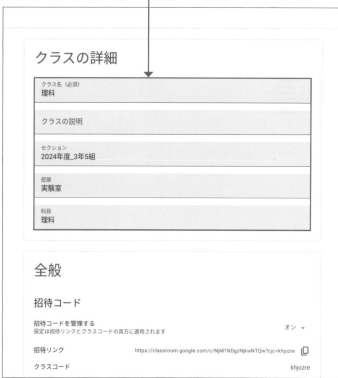

 補足

クラス名などを変更する

作成したクラスの名前を変更したい場合には、Classroom のホーム画面で該当クラスの右上にある ⋮ →[編集]の順にクリックします。

Section

17 | クラスに生徒を招待しよう

ここで学ぶこと

- クラスコードによる招待
- 招待メールの送信
- 招待リンクの共有

クラスの作成ができたら、次に生徒を招待しましょう。組織編成の大切なポイントになるため、よく吟味してメンバーを選定しましょう。ここでは、招待の方法と生徒側が招待を受け入れる方法について解説します。

① 生徒を招待する：クラスコードの表示

💬 解説

生徒を招待する方法

クラスに生徒を招待する方法は「クラスコードによる招待」「招待メールの送信」「招待リンクの送信」の3つがあり、実態に応じて利用することができます。

⚠️ 注意

クラスコード利用時の留意点

クラスコードによる招待の場合、生徒がクラスに参加したかどうか確認しにくい点には留意してください。その点では、部活動やプロジェクトなど、集まる生徒の単位が小さいときに使うと便利です。

💡 ヒント

クラスコードのリセット

クラスへの招待がすべて終わり、クラス運営が軌道に乗ったらクラスコードをリセットすることも1つの運用方法です。手順 **1** の画面で「クラスコード」の右にある **⋮** →[クラスコードをリセット]の順にクリックします。

1 「クラスコード」の右にある ⛶ をクリックします。

2 クラスコードが拡大して表示されます。

3 プロジェクターなどで大きく提示し、生徒の入力が終了したら、✕ をクリックします。

② 生徒を招待する：招待メールの送信

 補足

一斉にメールアドレスを登録する

クラスに参加させたい生徒に一斉に招待メールを送信することもできます。あらかじめクラスに招待予定の生徒のメールアドレスが記載されたファイルを用意し、手順 **3** の画面でメールアドレスの入力スペースに貼り付けます。

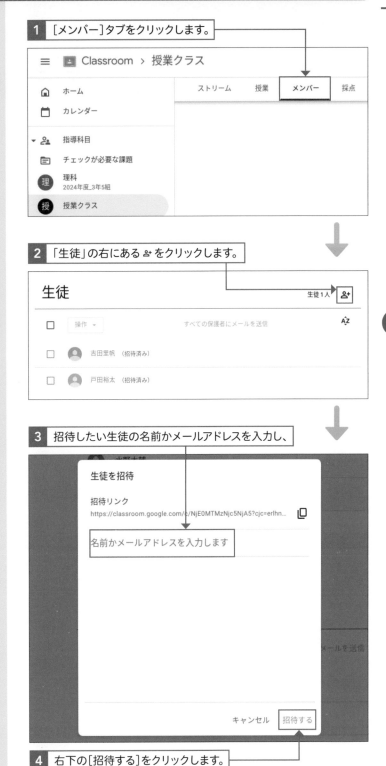

1 ［メンバー］タブをクリックします。

≡ 🖼 Classroom ＞ 授業クラス

| | ストリーム 授業 **メンバー** 採点 |

🏠 ホーム
📅 カレンダー

▼ 👥 指導科目
📑 チェックが必要な課題
理 理科　2024年度_3年5組
授 授業クラス

2 「生徒」の右にある 👤 をクリックします。

生徒

生徒1人 👤

☐ 操作 ▾　　　　　すべての保護者にメールを送信　　Ａ↕Z

☐ 👤 吉田里帆　（招待済み）

☐ 👤 戸田裕太　（招待済み）

3 招待したい生徒の名前かメールアドレスを入力し、

生徒を招待

招待リンク
https://classroom.google.com/c/NjE0MTMzNjc5NjA5?cjc=erlhn...　📋

名前かメールアドレスを入力します

メールを送信

キャンセル　招待する

4 右下の［招待する］をクリックします。

③ 生徒を招待する：招待リンクの送信

 補足

招待リンクの共有方法

招待リンクはメールで送付する方法だけでなく、チャットなどで送付しても共有可能です。

1 ホーム画面から招待したいクラスの右上にある ︙ をクリックし、

2 ［招待リンクをコピー］をクリックすると、

3 クラスへの招待リンクがクリップボードにコピーされます。

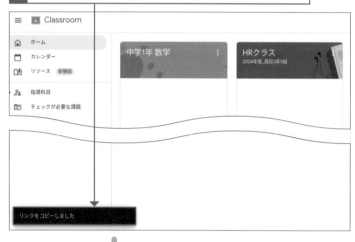

 補足

招待リンクのコピー

これまで示した手順以外でも、クラスの設定から招待リンクをコピーすることができます。クラスを表示した状態で画面右上の ⚙ をクリックし、「全般」にある「招待リンク」の 📋 をクリックするとコピーできます。

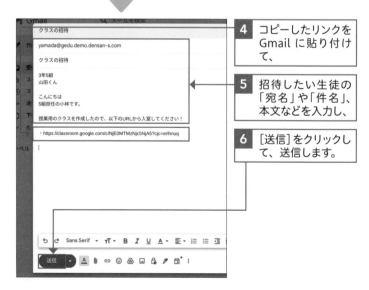

4 コピーしたリンクをGmail に貼り付けて、

5 招待したい生徒の「宛名」や「件名」、本文などを入力し、

6 ［送信］をクリックして、送信します。

④ 生徒が招待を受け入れる

クラスに生徒を招待する 3 つの方法を紹介しましたが、それぞれの方法ごとに生徒の受け入れる画面も異なります。受け入れ方法についても、合わせて確認しておきましょう。

クラスコードによる招待を受け入れる

1 Classroom を開き、右上の＋をクリックします。

2 教師からプロジェクターなどで提示されたクラスコードを入力し、

3 ［参加］をクリックします。

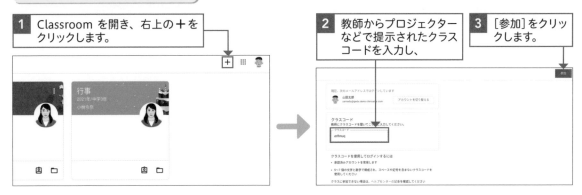

招待メールを受け入れる

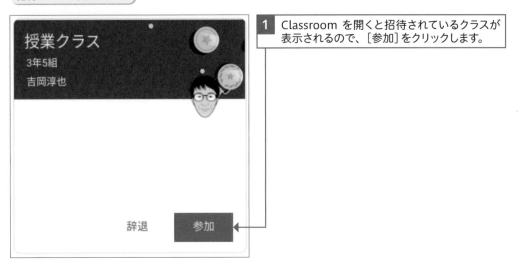

1 Classroom を開くと招待されているクラスが表示されるので、［参加］をクリックします。

招待リンクを受け入れる

1 Gmail を開き、招待リンクをクリックします。

2 招待メッセージが表示されるので、［参加］をクリックします。

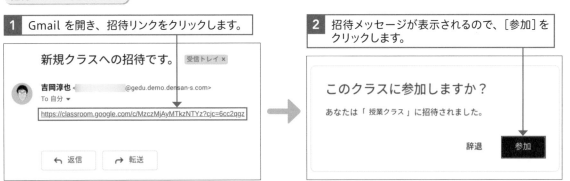

クラスに教師を追加で招待しよう

ここで学ぶこと

- 教師役の追加
- 担任と副担任の違い
- クラスの構造

Classroom の便利なところは、教師が複数人でクラスを担当できるよう設定できることです。担任のほか副担任や管理職など、必要に応じて教師を招待しましょう。ただし、担任とそれ以外の教師とではクラスでの権限が異なります。

① 教師を追加で招待する

✏️ 補足

追加で教師役を招待する方法

Classroom に教師役として招待したいときは、招待メールの送付から実施しましょう。クラスコードや招待リンクなどを利用して招待すると、生徒役として招待されてしまうので注意してください。

1 [メンバー]タブをクリックします。

2 「教師」の右にある をクリックします。

3 招待したい教師の名前かメールアドレスを入力し、

4 右下の[招待する]をクリックします。

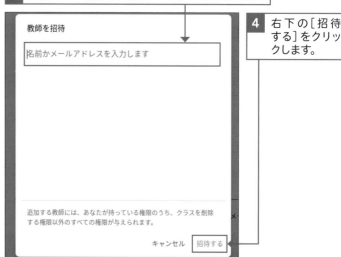

💬 解説

教師を追加する意味

教師役を追加することで、複数の教師でクラスで関わることができ、細かな配慮を行き届かせることができるようになります。慣れないうちや課題があるクラスを担当するときなどに有効です。

注意

クラスの構造

クラスの作成者が「担任」になり、作成者以外で教師役として招待されたメンバーが「副担任」になるという構造になっているため、クラス作成時には注意してください。

● **担任**
クラスの作成者（クラスのオーナー）

● **副担任**
作成者以外で「教師役」として招待されたメンバー

Classroom では、クラスを作成した教師が「担任（クラスのオーナー）」となり、もっとも多くの権限が割り当てられることになります。教師役（副担任）として追加された人は、オーナーである教師の補佐的な役割ではあるものの、概ねほとんどの機能を使うことができます。ただし、クラスの削除、担任（クラスのオーナー）の削除はできません。

	担任 （クラスのオーナー）	副担任
課題の配付・回収	○	○
課題の採点	○	○
課題のフィードバック	○	○
教師の追加	○	○
担任 （クラスのオーナー） の削除	○	×
生徒の追加	○	○
クラスの削除	○	×
設定の変更	○	○

クラスに参加していない教師はクラスの中身を確認することができません。副担任などを設置せずにクラス運営を行っていて、もしインフルエンザなどで急に学校を留守にしなければならない場合、クラス運営に支障が出てしまいます。こうした際には、クラスに所属していない教師が一時的にサポートを行える「クラスの訪問」機能を利用することで苦境を乗り越えることができます。詳しくは、Sec.70 で紹介しています。

✏ **補足**

クラスのオーナーに指名する

60ページ手順 **1** の画面で「教師」のメンバー右の ⋮ をクリックし、[クラスのオーナーに指名]をクリックすると、担任（クラスのオーナー）を副担任に譲り、クラスを引き継ぐことができます。年度更新などの際に必要になる作業です。

Section

19 | 教員研修用のクラスを作成しよう

ここで学ぶこと

・教職員間のクラス
・教員研修
・トピック

Classroom では、教師役と生徒役がいればクラスを作成することができます。このため、教師だけのクラスルームを作成することも可能です。初任者研修などを行うときには、研修専用のクラスを作成しておくと便利です。

① 教員研修用のクラスを作成する

⚠ 注意

教職員間のクラス作成の留意点

教師役と生徒役では、クラスで行える機能が異なるため留意してください。たとえば、各種資料を投稿したり、整理したりできるのは教師役だけです。教師役と生徒役の役割や機能差をよく考えながら、招待を行いましょう。

💡 ヒント

トピックの整理

多忙な学校現場にあっては、研修資料を時間をかけて振り返る暇があまりないのも実情です。投稿するときには「トピック」を使って整理して伝えるようにしましょう。詳しくは、Sec.45を参照してください。

1 54ページを参考に、教員用のクラスを作成します。

2 [メンバー]タブをクリックします。

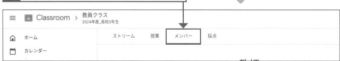

3 招待したい教員を招待します。

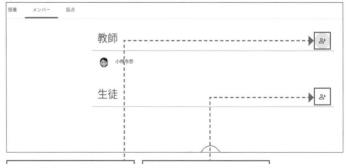

教師役として招待します。　生徒役として招待します。

② 教員研修用のクラスの運営ポイント

初任者研修などで Classroom を利用することで、授業での Classroom の活性化にもつなげることができます。ただし、日常的に実施回数が確保されている授業とは異なり、初任者研修用のクラスを開くことはなかなか習慣化されるものではありません。

そこで、ほかのアプリとの併用を図ることで、いつでも初任者研修用のクラスにたどれるような道筋づくりをしておきましょう。ここでは、2つの方法について紹介します。

方法①カレンダーにリンクする

1 教員研修用のクラスを表示し、画面上部のアドレスバーに表示されているURLをコピーします。

2 Google カレンダーを開き、予定を追加したら［その他のオプション］をクリックし、「説明を追加」欄に手順 **1** でコピーしたリンクを貼り付け、

3 ［保存］をクリックします。

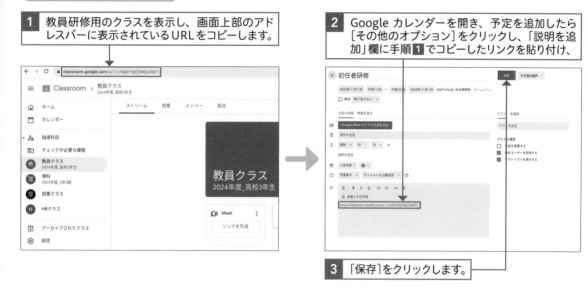

方法②ドキュメントにまとめておく

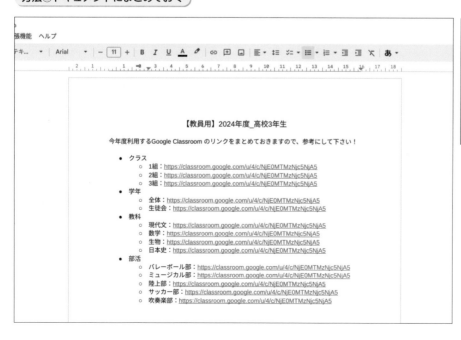

上の手順 **1** を参考に、教員間で共有したいクラスのリンクを取得し、Google ドキュメントにまとめておきます。Classroom から目的のクラスを探す手間を省くことができます。

【教員用】2024年度_高校3年生

今年度利用するGoogle Classroom のリンクをまとめておきますので、参考にして下さい！

- クラス
  - 1組：https://classroom.google.com/u/4/c/NjE0MTMzNjc5NjA5
  - 2組：https://classroom.google.com/u/4/c/NjE0MTMzNjc5NjA5
  - 3組：https://classroom.google.com/u/4/c/NjE0MTMzNjc5NjA5
- 学年
  - 全体：https://classroom.google.com/u/4/c/NjE0MTMzNjc5NjA5
  - 生徒会：https://classroom.google.com/u/4/c/NjE0MTMzNjc5NjA5
- 教科
  - 現代文：https://classroom.google.com/u/4/c/NjE0MTMzNjc5NjA5
  - 数学：https://classroom.google.com/u/4/c/NjE0MTMzNjc5NjA5
  - 生物：https://classroom.google.com/u/4/c/NjE0MTMzNjc5NjA5
  - 日本史：https://classroom.google.com/u/4/c/NjE0MTMzNjc5NjA5
- 部活
  - バレーボール部：https://classroom.google.com/u/4/c/NjE0MTMzNjc5NjA5
  - ミュージカル部：https://classroom.google.com/u/4/c/NjE0MTMzNjc5NjA5
  - 陸上部：https://classroom.google.com/u/4/c/NjE0MTMzNjc5NjA5
  - サッカー部：https://classroom.google.com/u/4/c/NjE0MTMzNjc5NjA5
  - 吹奏楽部：https://classroom.google.com/u/4/c/NjE0MTMzNjc5NjA5

Section

20 | クラスの順番を並べ替えよう

ここで学ぶこと

・クラスの移動
・クラスの並べ替え
・クラスリスト

便利な Classroom では、ついついたくさんクラスを作成してしまいがちです。教科や学級、部活動などクラスが増えてきたら、整理整頓を行いましょう。よく使うクラスは見やすい位置に配置することで、作業効率がアップします。

① クラスを移動する

解説

Google Classroom の表示とリストの連動

Classroom のホーム画面の表示と左側のクラスリスト一覧は連動しています。ホーム画面で移動すると、クラスリストの並びも同時に変更されます。

ヒント

リストの先頭に移動する

Classroom では、クラスを表示させる場所を自由に選択することができます。頻繁に使うクラスは先頭に移動させておくと便利です。

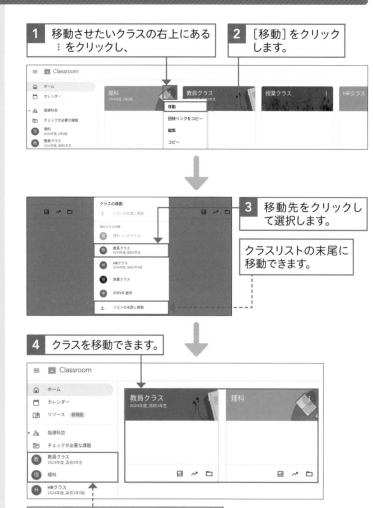

1 移動させたいクラスの右上にある⋮をクリックし、

2 [移動]をクリックします。

3 移動先をクリックして選択します。

クラスリストの末尾に移動できます。

4 クラスを移動できます。

クラスリスト一覧も同時に変更されます。

② クラスを並べ替える

Classroom のホーム画面の構成上、左上から順番に目を追っていくことになります。このため左上から優先順位をつけてよく使うクラスを配置しておくのが便利でしょう。

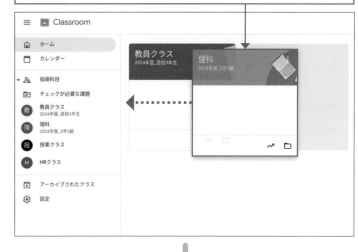

1 Classroom のホーム画面から移動したいクラスをドラッグし、移動させたい場所へスライドさせます。

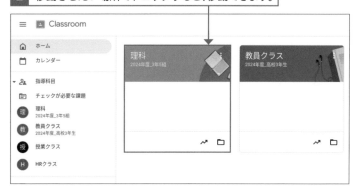

2 移動させたい場所でドロップすると、移動できます。

ヒント

整理整頓の心得

画面にたくさんのクラスが見えることで、気になるケースも少なくありません。そのような場合は、使用頻度が低いクラスを末尾に移動しましょう。

補足

リスト表示の規則

新しく作成されたクラスは、Classroomのクラスリストのいちばん上に表示される仕様になっています。

応用技　デザインでより分かりやすくする

同じような色のクラスが複数配置されるとパッと見で識別するのが難しくなります。そうした際にはテーマや色を変更するなどして、わかりやすく工夫しましょう。詳しくは、Sec.21 で紹介しています。

21 | オリジナルのデザインにしよう

ここで学ぶこと

・テーマ色の選択
・テーマの選択
・デザインのカスタマイズ

クラスを作成すると、色や写真などのデザインが自動で作成されます。デザインをカスタマイズすることで、そのクラスらしさを演出しましょう。クラスで表示されるテーマには、オリジナルの写真を設定することも可能です。

① テーマ色を選択する

 補足

テーマ色の反映箇所

採用したテーマ色がクラスに反映される箇所は、指導項目として表示される箇所や、メイン画面の画像、テキストなどです。

1 Classroom の［ホーム］をクリックし、テーマを変更したいクラスをクリックして選択します。

2 ［カスタマイズ］をクリックします。

3 表示されたテーマ色から好みのカラーをクリックして選択し、

4 ［保存］をクリックします。

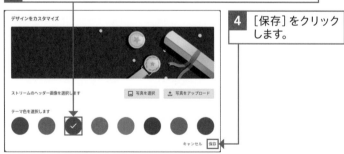

5 表示されるテーマ色が変更されます。

② クラスのデザインをカスタマイズする

🗩 解説

テーマの種類

Classroom で用意されているテーマは、「全般」「国語と社会」「数学と科学」「芸術」「スポーツ」「その他」から選ぶことができ、任意の画像をクラスのヘッダー画像として設定できます。

✨ 応用技

Canva の画像を利用する

誰でも手軽にデザインできるツール「Canva」(https://www.canva.com/ja_jp/) を使えば、かんたんにヘッダー画像を作成することができます。また、Canva には Classroom のヘッダーとして利用できるテンプレートが無料でたくさん用意されており、それを利用することで色鮮やかにクラスを彩ることも可能です。

✏ 補足

写真サイズ

オリジナルの写真をアップロードするときには、横向きの写真で800 × 200ピクセル以上のサイズのものを用意しましょう。

1 66ページ手順 **4** の画面で、[写真を選択]をクリックします。

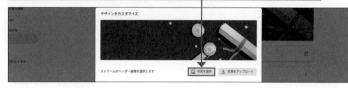

2 テーマの種類（ここでは[全般]）をクリックし、

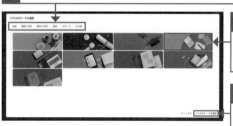

3 表示されたテーマから好みの画像をクリックして選択します。

4 [クラスのテーマを選択]→[保存]の順にクリックします。

5 表示されるテーマが変更されます。

オリジナルの写真を利用する

1 上の手順 **1** の画面で[写真をアップロード]をクリックします。端末に保存しておいた画像をアップロードし、範囲を指定したら、

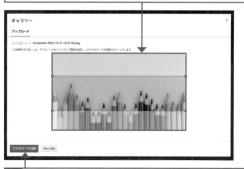

2 [クラスのテーマを選択]→[保存]の順にクリックします。

Section

22 クラスをアーカイブしよう

ここで学ぶこと

- クラスのアーカイブ
- アーカイブの影響
- クラスの復元

教科や校務分掌、委員会活動など多岐にわたってクラスの活用を進めていくと、年度が変わったことによって利用しなくなるクラスが出てきます。そのような場合は、クラスをアーカイブすることで、Classroom 全体を見やすく整理しましょう。

① クラスをアーカイブする

🔍 重要用語

アーカイブ

「アーカイブ」とは、一般的には文書や履歴などのデータを保存しておく「書庫」や「保存記録」などの意味を持ち、ITの分野では長期保存用データファイルのことをいいます。アーカイブは、Gmail を始め、Google Workspace for Education のさまざまなアプリで登場する用語です。アーカイブを行うと、表示からは見えなくなりますが、専用の領域に安全にデータを保存しておくことができます。

💬 解説

アーカイブの影響

アーカイブされたクラスは別の領域に移動し、クラスリストに表示されなくなります。教師と生徒は、ドライブにあるクラスの資料には引き続きアクセスでき、カレンダーもそのまま残ります。アーカイブしたクラスをもう一度使用するには、クラスを復元する必要があります（69ページ参照）。

1 アーカイブしたいクラスの右上にある ⋮ をクリックし、

2 表示されたメニューから[アーカイブ]をクリックします。

「理科」をアーカイブしますか？

クラスをアーカイブすると、そのクラスの参加者全員に関する内容がアーカイブされ、クラスが SIS にリンクされている場合はそのリンクが解除されます。

アーカイブされたクラスは、復元されない限り、教師または生徒が変更することはできません。

このクラスはアーカイブしたクラスに移動します。クラスのファイルは Google ドライブに残ります。

キャンセル　アーカイブ

3 表示される画面を確認し、[アーカイブ]をクリックします。

② アーカイブしたクラスを復元する

解説

アーカイブしたクラスを復元する

アーカイブしたクラスを復元すると、現在のほかのクラスと一緒にそのクラスのカードが再び表示されます。クラスの投稿、課題、コメント、資料などの機能を再び使用できるようになります。

1 ホーム画面左の一覧から [アーカイブされたクラス] をクリックします。

2 アーカイブしたクラスが表示されます。復元したいクラスの右上にある をクリックし、

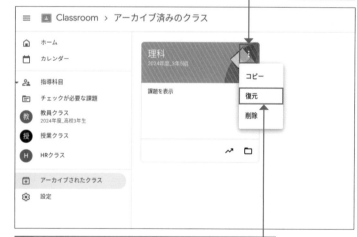

3 表示されたメニューから [復元] をクリックします。

補足

アーカイブの利用場面

アーカイブを利用するのは、主に年度更新作業のときが多くなるでしょう。教科や校務分掌などの担当が変わり、これまで利用していたクラスを使わなくなるといったケースが考えられます。そのほか、一時的にクラスを作成・運用していて使うことがなくなった場合なども、すばやくアーカイブしましょう。

理科 に再登録しますか?

教師と生徒は、このクラスと再びやり取りできるようになります。

このクラスは [クラス] と Classroom メニューに表示されるようになります。

キャンセル　復元

4 表示される画面を確認し、[復元] をクリックします。

Section

23 | クラスをコピーしよう

ここで学ぶこと

- クラスのコピー
- クラスのコピーの権限
- コピーされる項目

クラスを作成して使い始めると、作成した資料や課題を流用して、ほかのクラスでも使いたいといった要望が生じてきます。こうしたときに便利なのが、クラスのコピーです。

① クラスをコピーする

💬 解説

クラスのコピー

受け持っているクラスを次年度も担当することが決まったときなどに利用すると便利です。過去に担当していてアーカイブしたクラスも、69ページ手順 **1** を参考にアーカイブしたクラスを表示させることでコピーすることができます。

✏️ 補足

クラスのコピーの権限

クラスのコピーは、担任もしくは副担任のみ利用することができます。クラスをコピーした教師が、そのクラスの担任（クラスのオーナー）になります。

1 コピーしたいクラスの ⋮ をクリックし、

2 表示されたメニューから[コピー]をクリックします。

3 クラス名やセクションを入力し、

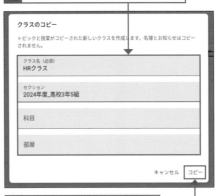

4 [コピー]をクリックします。

5 クラスのコピーから新しいクラスを作成できます。

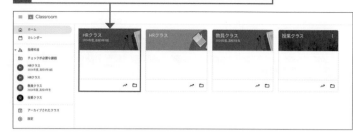

② 新しいクラスにコピーされる項目

🗨 解説

コピーされる項目と そうでない項目

たくさんの項目があって、わかりにくくなっていますが、「授業に関して配付した課題は引き継がれる」と考えればかなりシンプルになります。このため年度替わりで引き続き同じ教科を担当するときなどに利用すると便利でしょう。

クラスのコピーを利用するとき、コピーされる項目とそうでない項目があります。下の表を参考にしながらクラス作成を進めましょう。

	カテゴリ	項目
コピーされる項目	全般	タイトル
		セクション
		説明
		クラスの科目
	授業	トピック
		授業の投稿
	採点	採点方法
コピーされない項目	全般	教師からのお知らせ
		授業の削除済みのアイテム
		生徒の投稿
		教師にコピーする権限がない添付ファイル
		Google サイトのファイル
	メンバー	生徒と副担任

24 クラスを削除しよう

ここで学ぶこと

・クラスの削除
・クラス削除の権限

担当している科目がなくなったり、リードしていた研修や提案などが終了したりした場合には、クラスを削除することで Classroom をきれいに整理しましょう。なお、クラスを削除できるのは担任（クラスのオーナー）のみです。

① クラスを削除する

🗨 解説

クラスの削除

クラスを削除するとデータの復元は不可能になります。削除は最終手段だと理解したうえで、実行しましょう。

1 68 ページを参考に、削除したいクラスをまずはアーカイブします。

2 ホーム画面左の一覧から[アーカイブされたクラス]をクリックします。

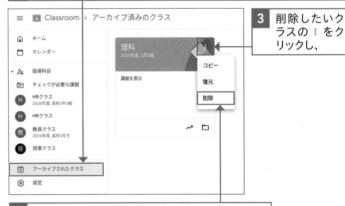

3 削除したいクラスの ⋮ をクリックし、

4 表示されたメニューから[削除]をクリックします。

✏ 補足

クラスの削除の権限

クラスを削除できるのは、61 ページでも述べたように担任（クラスのオーナー）のみです。このため、年度更新などの作業時にクラスを削除したい場合には、前もってクラスのオーナー権限を譲渡しておきましょう。

「理科」を削除しますか？

このクラスに追加された投稿やコメントには、一切アクセスできなくなります。

クラスのファイルは、今後も Google ドライブに保存されたままになります。

この操作は元に戻せません。

キャンセル　削除

5 表示される画面を確認し、[削除]をクリックします。

第 **5** 章

ストリームの役割を知ろう

25 | ストリームの基本を知ろう

ここで学ぶこと

・ストリームへの投稿
・ストリームでの授業

クラスに伝達したい事項があるときは、ストリームを使うと便利です。教師と生徒をつなぐ「連絡帳」をイメージすると、活用の用途も広がります。持ち物や注意事項はもちろんのこと、授業の流れを示すことで、生徒の自発的な学びを促します。

① ストリームに投稿する

🔍 重要用語

ストリーム

「ストリーミング」という言葉があるように、IT用語ではデータを送るしくみのことをストリームといいます。

1 投稿したいクラスをクリックして選択し、

2 [ストリーム]タブをクリックします。

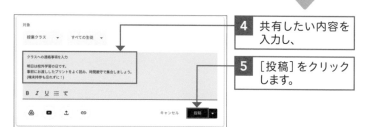

3 [クラスへの連絡事項を入力]をクリックします。

4 共有したい内容を入力し、

5 [投稿]をクリックします。

6 ストリームへの投稿が完了します。

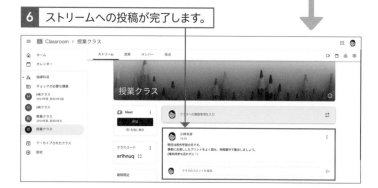

💡 ヒント

ストリームに投稿する内容

ストリームに投稿する内容は黒板をイメージすると想像しやすいでしょう。連絡事項、授業のめあて、学び方、学習規律など、いろいろな場面で利用できます。

② ストリームでの授業の表示形式を知る

解説

ストリームでの表示形式

「授業」タブからクラスに関連する資料や課題などを投稿すると、「ストリーム」画面にもその内容が反映されます。資料や課題の詳細を示したほうが効果があるか確認しながら、設定を工夫しましょう。

1 74ページ手順**2**を参考に［ストリーム］タブをクリックし、投稿されているストリームをクリックして選択します。

2 投稿内容の詳細や添付資料が表示されます。

表示形式の変更

1 上の手順**1**の画面で、右上の⚙をクリックします。

2 「全般」にある「ストリームでの授業」から表示形式を変更できます。初期設定では「添付ファイルと詳細を表示」に設定されており、「要約した通知を表示」「通知を非表示」から選択できます。

ヒント

表示の非通知

「授業」タブからの投稿が続くと、どうしてもストリーム内がごちゃごちゃしてしまい、大事な連絡を見落とすといったケースが散見されます。そのような場合は、「ストリームでの授業」の表示形式を「通知を非表示」に設定しましょう。ストリームの通知をすっきりさせることができます。

Section

26 相手を選んで投稿しよう

ここで学ぶこと

・対象クラスの選択
・対象生徒の選択

生徒への連絡事項がある際、担当しているクラス全員に伝えたい場合や、一部の生徒だけに伝えたい場合などがあると思います。ストリームであれば、誰にメッセージ送るかをかんたんに選択できます。

1 対象のクラスを選んで投稿する

補足

表示される順序

手順2の画面で、「対象」のクラスとして表示される候補の表示順は、Classroomの画面左側にあるクラスリストの表示と同じです。よく使うクラスは、順序が先頭になるよう整理整頓しておくことをおすすめします（Sec.20参照）。

1 74ページ手順2を参考に［ストリーム］タブをクリックし、［クラスへの連絡事項を入力］をクリックします。

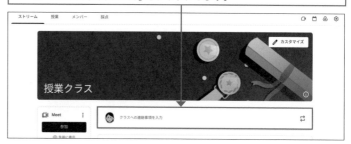

2 連絡事項を入力したあと、「対象」にある「○個のクラス」の ▼ をクリックし、

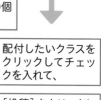

3 配付したいクラスをクリックしてチェックを入れて、

4 ［投稿］をクリックします。

複数のクラスを選ぶ

複数のクラスに一斉に配付したい場合は、手順3で対象とするクラスすべてにチェックを入れます。

② 対象の生徒を選んで投稿する

⚠️注意

対象の生徒を絞るためには

生徒を選択してメッセージを送る場合、配付する対象のクラスは1クラスである必要があります。

---

1 74ページ手順 **2** を参考に［ストリーム］タブをクリックし、［クラスへの連絡事項を入力］をクリックします。

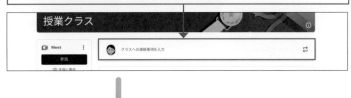

2 連絡事項を入力したあと、76ページ手順 **2** 〜 **3** を参考に対象クラスを選択したら、

3 「すべての生徒」の ▼ をクリックし、

4 ［すべての生徒］をクリックしてチェックを入れ、

5 ［投稿］をクリックします。

特定の生徒を選ぶ

特定の生徒だけに配信したい場合は、手順 **2** で対象となる生徒のみをクリックしてチェックを入れます。

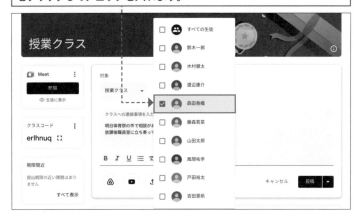

補足

選択できる生徒の数

一度に選択できる生徒の数は最大で100名です。

Section 27 | 資料を添付し、文字を強調しよう

ここで学ぶこと

- 文字の修飾
- 資料の添付

黒板を利用する際に色分けを活用するように、パソコンで作成するさまざまな資料も文字を太くしたり、下線を引いたりするなどの修飾を加えることができます。小さな工夫を凝らすことで、相手への伝わり方も変わります。

1 文字を修飾する

解説

文字修飾の種類

ストリームでの投稿では、太字・斜体・下線の文字修飾を利用することができます。

ヒント

箇条書き

連絡事項が多くなる場合は、箇条書きを使うと便利です。改行すると、自動的に行頭文字が追加されます。

補足

書式のクリア

文字修飾や箇条書きなどの書式をクリアしたいときは、該当箇所をドラッグして選択し、手順 **2** の画面で 🗙 をクリックします。

1 74ページ手順 **1**〜**4** を参考に、連絡事項を入力して、修飾したい文字をドラッグして選択します。

太字・斜体・下線の文字修飾を利用できます。

書式をクリアできます。

箇条書きにできます。

2 利用したい文字修飾（ここでは **B** と **U**）をクリックすると、適用されます。

3 ［投稿］をクリックします。

② 資料を添付する

💬 解説

ストリームに添付できるもの

ストリームには、ドライブやパソコンからファイルをアップロードできるほか、YouTube 動画を挿入したり、リンクを挿入したりできます。

✏️ 補足

YouTube 動画を挿入する

1 手順 **1** の画面で ▪ をクリックします。

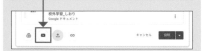

2 添付したい動画のURLまたは検索ワードを入力して動画を選択し、

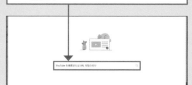

3 [動画を追加] をクリックします。

💡 ヒント

アドオンの追加

Google Workspace for Education Plus または Teaching and Learning Upgrade に加入していると、Classroom で利用できるアドオンが追加され、Kahoot! や Pear Deck などの魅力的なアクティビティやコンテンツを添付できます。

---

1 74ページ手順 **1**〜**4** を参考に、連絡事項を入力して、左下の ↥ をクリックします。

リンクを挿入できます。

2 「Google ドライブを使用したファイルの挿入」画面が表示されるので、ここでは [マイドライブ] をクリックし、

3 添付したいファイルをクリックして選択して、

4 [追加] をクリックします。

5 選択したファイルが挿入されていることを確認し、

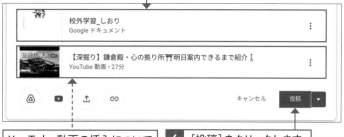

YouTube動画の挿入については側注補足を参照。

6 [投稿] をクリックします。

予約投稿を利用しよう

ここで学ぶこと

・予約投稿
・予約投稿の編集
・予約投稿の削除

クラスのストリームを使っていて、予定の連絡をつい忘れてしまうことがよくあります。あのときまでは覚えていたのに、といった経験がある方には予約投稿がおすすめです。送り忘れを防止し、きめ細やかなクラス運営を可能にします。

① 予約投稿を行う

📝 補足

複数クラスへの予約投稿

ストリームでの連絡は、複数クラスに対しても可能です。詳しくは、Sec.39を参照してください。

💡 ヒント

下書きを保存する

連絡事項を作成したものの、投稿内容をもう少し吟味したいときは、手順3の画面で［下書きを保存］をクリックします。下書きの状態から再度編集したいときは、「ストリーム」タブの「保存済みのお知らせ（○件）」（81ページ参照）から下書き保存した投稿をクリックします。

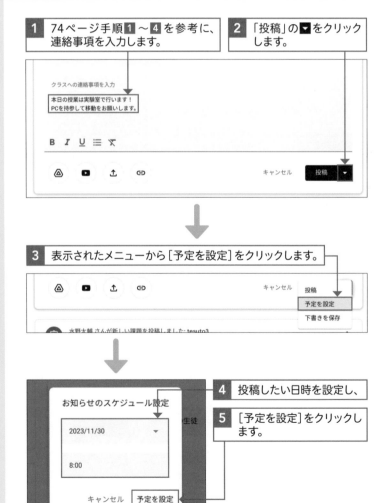

1 74ページ手順1〜4を参考に、連絡事項を入力します。

2 「投稿」の▼をクリックします。

3 表示されたメニューから［予定を設定］をクリックします。

4 投稿したい日時を設定し、

5 ［予定を設定］をクリックします。

② 予約した投稿を編集する

💬 解説

保存済みのお知らせ

予約投稿したストリームは、設定した時間になるまで「保存済みのお知らせ（○件）」として教師側の「ストリーム」タブにのみ表示されます。また、下書きとして保存した場合も同様です。

1 「保存済みのお知らせ（○件）」から、編集したい予約投稿をクリックします。

2 連絡事項の内容や設定日時などを編集し、

3 ［予定を設定］をクリックします。

③ 予約した投稿を削除する

⚠️ 注意

複数クラスへの予約投稿の編集と削除

複数クラスへの予約投稿の設定を完了すると、その後の編集や削除は投稿先の各クラスで1つずつ行います。同時に複数クラスの投稿を編集することはできないため、注意しましょう。

1 予約投稿を削除したい場合は、上の手順**1**の画面で 🗙 をクリックし、

2 ［削除］をクリックします。

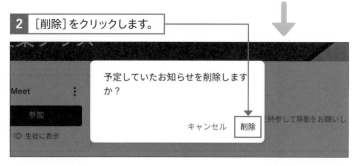

Section

29 生徒たちの意見を交流させよう

ここで学ぶこと

- 投稿権限の設定
- コメント機能
- 意見交流

ストリームは教師と生徒をつなぐ連絡帳をイメージするとよいと紹介しましたが、1対1でのやり取りにとどまらないところもポイントです。コメント機能で生徒同士での交流を図る場として利用することで、生徒たちの意見を引き出せます。

1 ストリームの投稿権限を設定する

解説

ストリームの投稿権限

ストリーム上で生徒同士の意見を交流させるには、「クラスの設定」からストリームの投稿権限を変更する必要があります。権限は「生徒に投稿とコメントを許可する」「生徒にコメントのみを許可する」「教師にのみ投稿とコメントを許可」の中から選んで設定します。

自由度	投稿権限
高	「生徒に投稿とコメントを許可する」
中	「生徒にコメントのみを許可する」
低	「教師にのみ投稿とコメントを許可」

1 74ページ手順 1 を参考にクラスを選択し、右上の ⚙ をクリックします。

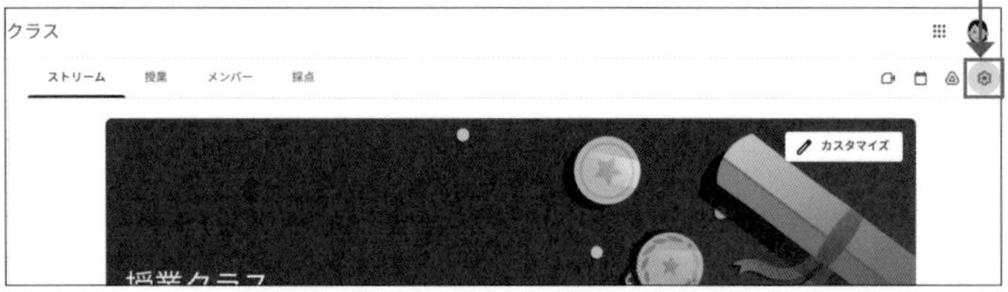

2 「全般」の「ストリーム」から、[生徒にコメントのみを許可] をクリックして選択します。

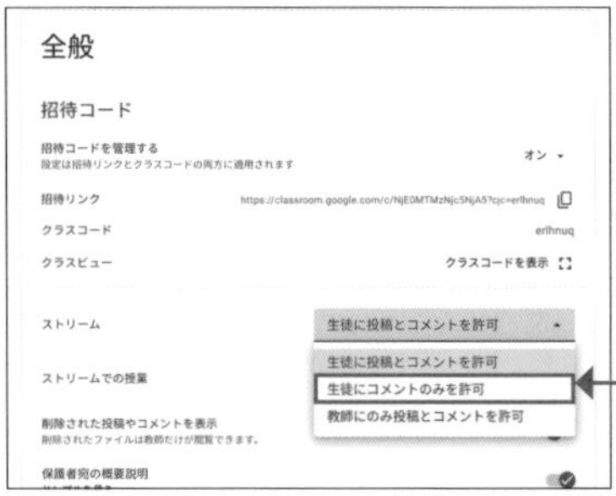

3 右上の [保存] をクリックして設定完了です。

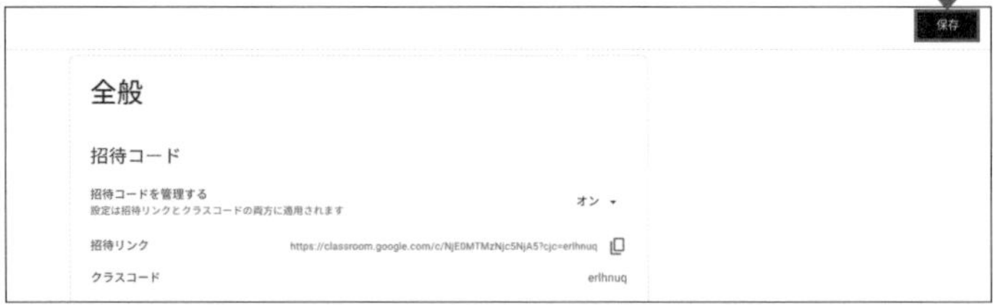

② コメント機能で意見を交流させる

ヒント

意見交流の足場をつくる

ストリームのコメント機能を利用した意見交流は、いきなりできるようにはなりません。いくつかの足場掛けを用意し、生徒たちが徐々に慣れていくステップをつくるようにしましょう。

ストリームを利用した意見交流のさせ方には、さまざまな方法があります。

コメント機能を利用した授業での実践例

たとえば、理科の授業で実験を行った後、教師はストリームで感想を引き出す投稿を行い、生徒はその投稿にコメント機能を使って感想を追加していきます（ストリームへの投稿については74ページを参照）。

ストリームで、授業で行った内容の感想を引き出す投稿をします。

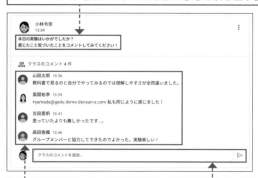

生徒たちの意見や感想をコメントで確認できます。

生徒たちは、ストリームの投稿に対してコメントを追加できます。コメント投稿者の名前リンクを付けて投稿することも可能です。

生徒側は自分以外のコメントを見て、似たような感想を持った生徒がいることや、まったく異なる考えを持った生徒がいることに気づくことで、新しい発見につながったり、授業の内容を違う視点で振り返ったりすることができるでしょう。

また、教師側でも生徒一人ひとりの感想をリアルタイムで確認できるほか、生徒の感想から授業への興味関心や理解、思考や表現力などの傾向をおおまかに掴み、次の授業へ活かすことも可能です。

教室では発表が苦手な生徒でも、ストリームへ書き込むときは臆面もなく取り組める場合もあります。投稿する問いの内容を工夫することで、クラス全体の学びをより深める場としても活用できます。

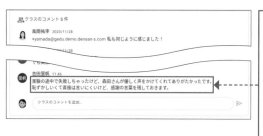

口頭での発表以外に、双方向のコミュニケーションを実現する方法としてコメント機能をうまく活用すれば、生徒の表現の幅を広げることにもつながります。

ヒント

Google チャットとの使い分け

ストリームでの意見交流は、クラスのメンバーとのやり取りがスムーズな点と、権限の設定を選べる点がメリットです。ただ、実際にできることはチャットと同等なため、運用の際は実態に合わせて棲み分けましょう。たとえば、Classroomを基盤にしたやり取りがスムーズな場合はストリームで、クラス単位などすでにチャットグループが作成できている際にはチャットから連絡をするなどして活用するとよいでしょう。

30 投稿を最上部に移動しよう

ここで学ぶこと

・投稿の固定
・投稿の削除
・投稿のリンク

黒板や教室掲示を鮮やかに彩るほど、伝えたい重要なメッセージが伝わりにくくなる、といった経験をした人もいるのではないでしょうか。こうしたときに便利なのが、投稿を最上部に移動する機能です。

① 投稿を最上部に移動する

🗨 解説

移動できる投稿の種類

最上部に移動できる投稿は「コメント」だけでなく、「課題」や「テスト付きの課題」「質問」「資料」などすべての投稿が対象です。たとえば、授業で宿題などの提出を課したときには、該当の投稿を最上部に移動しておくことで生徒に注目させることができます。

1 最上部へ移動させたい投稿の右にある ⋮ をクリックし、

2 [最上部に移動]をクリックします。

3 投稿がストリームのいちばん上に表示されます。

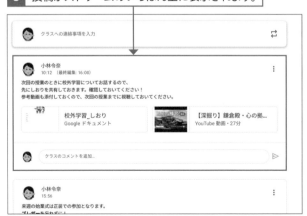

② 投稿を削除する

💬 解説

投稿の削除

投稿が多くなってくると見づらくなるため、不要な投稿は削除し、見やすくなるよう整理しましょう。

✏️ 補足

投稿のリンク

投稿の1つ1つには、固有のURLが発行されています。手順 **1** の画面で、メニューから［リンクのコピー］をクリックし、投稿のリンクをコピーすることで、ドキュメントに投稿を貼り付けるといった活用もできます。

💡 ヒント

削除した投稿の表示

クラスに複数の担任がいる場合、一人の教師が投稿を削除しても、ほかの教師の画面では表示されたままになります。

---

1 削除したい投稿の右にある ⋮ をクリックし、

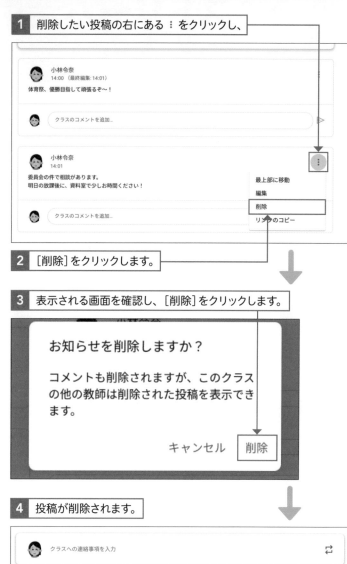

小林令奈
14:00 （最終編集: 14:01）
体育祭、優勝目指して頑張るぞ〜！

クラスのコメントを追加…

小林令奈
14:01
委員会の件で相談があります。
明日の放課後に、資料室で少しお時間ください！

最上部に移動
編集
削除
リンクのコピー

クラスのコメントを追加…

2 ［削除］をクリックします。

3 表示される画面を確認し、［削除］をクリックします。

お知らせを削除しますか？

コメントも削除されますが、このクラスの他の教師は削除された投稿を表示できます。

キャンセル　　　削除

4 投稿が削除されます。

クラスへの連絡事項を入力

小林令奈
14:00 （最終編集: 14:01）
体育祭、優勝目指して頑張るぞ〜！

クラスのコメントを追加…

小林令奈
14:14 （最終編集: 13:57）
次回の授業のときに校外学習についてお話するので、
先にしおりを共有しておきます。確認しておいてください！
参考動画も添付しておくので、次回の授業までに視聴しておいてください。

校外学習_しおり
Google ドキュメント

【深掘り】鎌倉殿・心の拠…
YouTube 動画・27分

ここで学ぶこと

- 端末活用の目的
- 投稿権限の変更
- 生徒のミュート

自由度が高くなると、生徒によるなにげない投稿がほかの生徒を傷つけたり、授業に関係ない投稿で学習が計画通りに進まなかったりする事態が考えられます。そのような場合は、目的を確認したり、投稿の権限を見直したりして対応しましょう。

① 目的を再確認する

解説

ストリームを 生徒と一緒につくる

ストリームは生徒たちの学んだ成果を披露したり、学んでいる姿そのものを投影する場所でもあります。学びのつくり手として、生徒同士がお互いを尊重しながら学びを生み出していけるよう活用しましょう。

意識の共通化を図る

ストリーム上で問題が起こってから対処するよりも、活用をスタートする時点で、「端末は何のために使うのか」という目的を生徒と共有しておく必要があります。

一人一台の端末は学習用に用意されたものであり、家庭で個人的に使っている端末とは異なります。家庭に端末があり、日常的に使用して操作に慣れている生徒であれば、授業での操作以外でも端末やアプリを活用して何ができるかを知っていることでしょう。しかし、学校や学習の場面では、「今、それが学習に必要なのか」ということをしっかりと考えていけるように、意識の共通化を図ることが大切です。

生徒と教師でよりよく使いこなしていく

意識の共通化を図れたら、「よりよく使いこなすためにどのようにするのがよいのか」を考える視点も重要です。禁止事項を列挙するのではなく、前向きに仲間と協力しながら端末やアプリを使っていける心や態度を育てたいものです。場面によっては、教師と生徒が立ち止まって考えたりすることも必要でしょう。あるいはいつでも教師に相談できる雰囲気づくりも欠かせません。教師側でも、生徒たちが想定を超えた使い方をしてくることを頭に入れて、柔軟に対応しましょう。

活用が進むにつれて当初の意識が希薄になったり、忘れてしまったりすることが往々にして起こります。都度見直したり、更新したりしながら日々のクラス運営を進めていきましょう。

② ストリーム上で問題が起きた場合

🗨 解説

まずは生徒との対話を大切に

86ページで紹介したような取り組みを学校やクラス全体で心がけ、実践していたとしても、ストリーム上で人を傷つける誹謗中傷や授業への妨害などが起こるのであれば、対処しなければなりません。始めにすべきは、しっかりと生徒たちと対話することです。目的へ回帰し、そのねらいに沿った使い方だったのかをていねいに確認し、事態の重大性を把握して、今後どのようにしていくのかを改めて確認する機会にしましょう。すぐに活用を止めるという選択をする前に、寄り添って心を開くことでしか紡げない未来があります。

✏ 補足

削除された投稿を確認する

問題が起きた場合、生徒は火消しに走り、投稿やコメントを削除することもあるでしょう。生徒により削除された投稿は、「クラスの設定」から教師だけが確認できます。クラスの画面右上の ⚙ をクリックして「クラスの設定」画面を開き、「全般」の[削除された投稿やコメントを表示]をクリックしてオンにします。

> 削除された投稿やコメントを表示
> 削除されたファイルは教師だけが閲覧できます。 ✅

💡 ヒント

生徒のミュートを解除する

生徒のミュートを解除するには、手順 **3** の画面で、ミュートを解除したい生徒のコメントにマウスポインターを合わせて、⋮ →[○○さんのミュートを解除]→[ミュートを解除]の順にクリックします。

投稿の権限を変更する

側注解説のとおり対応したうえで、それでもやはり、いったんは生徒同士が投稿できないようにしたほうがよいと判断した場合には、ストリームに投稿できる権限を変更します（Sec.29参照）。自由度を検討して実行しましょう。

生徒をミュートする

必要に応じて、問題を起こした生徒をミュートすることで、ストリームに投稿やコメントをできなくすることも可能です。なお、ミュートされた生徒は、クラス内で自分がミュートされていることはわかりません。

1 ミュートしたい生徒のコメントにマウスポインターを合わせて、表示された ⋮ →[○○さんをミュート]の順にクリックします。

2 表示される画面を確認し、[ミュート]をクリックします。

チェックを入れると、ミュートと同時にコメントが削除されます。

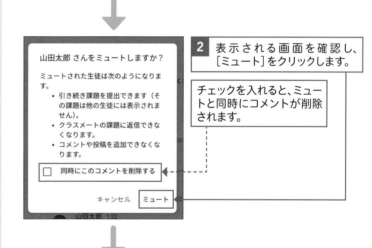

3 ミュートした生徒のコメントには 🔇 が表示されます。

💬 解説　投稿時の共通事項

お知らせをするとき、知らせたい相手と内容があるように、ストリームに限らず、Classroom 内での投稿に共通している操作や設定があります。画面や投稿タイプが変わっても基本の操作は同じなので、まとめて押さえておくと便利です。

投稿の基本形

❶クラス	発信対象のクラスを選ぶ
❷相手	対象クラスの中から投稿先の生徒を選ぶ
❸連絡事項	発信したい内容を入力する
❹書式	太字・斜体・下線、箇条書き、書式のクリアなどの書式設定をする
❺添付	発信したい内容に資料や動画、リンクなどを追加する
❻投稿	即時投稿する
❼投稿メニュー	即時投稿のほか、日時を指定して予約投稿する。下書き保存も可能

5　ストリームの役割を知ろう

第 **6** 章

授業タブを
使いこなそう

Section

32 | 授業の全体像を理解しよう

ここで学ぶこと

- 課題の種類と特徴
- 課題の入力仕様
- 配付タイプの特徴

「授業」タブを使いこなすことが Classroom を活用するうえでのキーポイントになります。さまざまな重要な機能を備えた「授業」タブの全体像を押さえておきましょう。

① 課題の種類と入力の仕様

✏️ 補足

作成できる課題の種類

「授業」タブで作成できる課題のタイプは「課題」「テスト付きの課題」「質問」「資料」の4種類です。

💡 ヒント

タイトルを工夫する

「課題」にはタイトルをつける必要があります。課題を配付したら、タイトルは「授業」タブにリストとして表示されるほか、ストリームにも反映されます。ほかのお知らせや配付物などで埋もれてしまわないよう、課題のタイトルはわかりやすいものを設定しましょう。

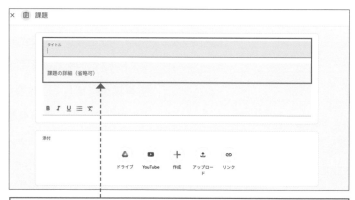

1 ホーム画面からクラスを選択し、上部タブから［授業］をクリックします。「授業」タブでは、課題をクラスの生徒に配付することができます。

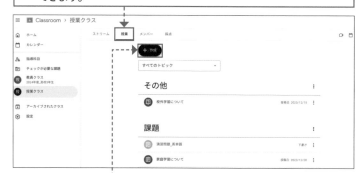

2 ［＋作成］をクリックすると、配付する課題の種類を選択できます。

どの課題を選んでも、「タイトル」「課題の詳細（省略可）」を入力する仕様になっています。配付する課題のタイトルは前もって考えておくとよいでしょう。

② 課題作成を効果的に行う

補足

課題の詳細

「課題の詳細」は省略することもできますが、課題の具体的な内容を伝えるほか、どのような意図で配付した課題なのか、あるいはどのように取り組んで欲しいのかといった教師のねらいや願いを添えることで、生徒の取り組む姿勢も変わってくるでしょう。

どの課題を選択した場合でも、課題作成時にはテキストはもちろんのこと、Webサイトのリンクや画像の添付、ドキュメントやスライドなどのアプリを利用することも可能です。

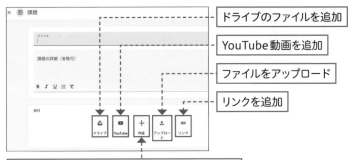

たとえば、すでにドライブにある資料を参照したり、パソコンのデータとして保存してあるPDFをアップロードしたり、Webサイトのリンクを埋め込むこともできます。

動画での学習コンテンツが充実した今であれば、YouTubeを利用するのも1つの方法でしょう。

Webサイトのリンクを挿入する

1 90ページを参考に、「課題」の作成画面を開きます。

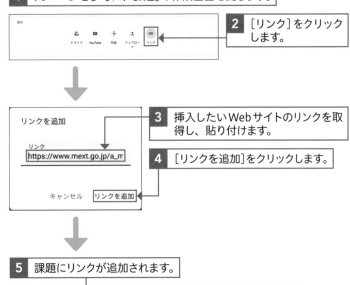

2 [リンク]をクリックします。

3 挿入したいWebサイトのリンクを取得し、貼り付けます。

4 [リンクを追加]をクリックします。

5 課題にリンクが追加されます。

ヒント

YouTubeの活用

授業内でYouTubeを始めとした動画を活用する際には、情報量が多くなるためポイントを絞った使い方をするのも1つのコツです。有償機能を利用すると、YouTubeの動画に質問を追加できるようになるので、使い勝手もより向上します。詳しくは、Sec.69を参照してください。

③ 課題の配付先を選び、条件をつける

提出期限を区切る

課題の提出期限は日付や時間までかんたんに設定できます。

提出期限を過ぎた場合

課題に提出期限を設定すると、「期限後の提出を締め切るかどうか」を選ぶことができるようになります。[期限後に提出を締め切る]をクリックしてチェックを入れておくと、生徒は期限を過ぎたあとに課題を提出することができません。

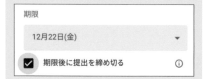

各課題の作成画面では、画面右側に詳細設定のメニューが表示されます。以下は、「課題」を選択した場合の作成画面です。

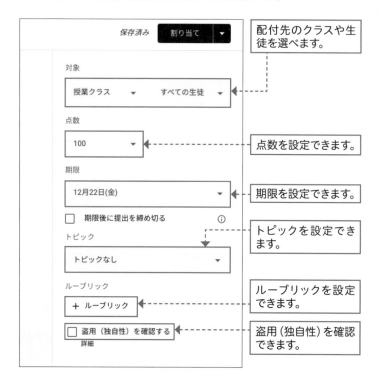

④ 4つの配付タイプの特徴を知る

「授業」タブで作成できる課題には4つのタイプがあります。それぞれに機能が異なるため、特徴を理解することで、使い勝手も向上します。

種類 使える機能	課題	テスト付きの課題	質問	資料
点数の設定	○	○	○	×
期限の設定	○	○	○	×
トピックの設定	○	○	○	○
ルーブリックの設定	○	○	×	×
盗用（独自性の確認）	○	○	×	×
生徒の回答を他の生徒が閲覧可能	×	×	○	×

課題の各アイコン

課題のアイコンは配付タイプによって異なるものが表示されます。知っておくと、どのタイプの課題だったか確認するのに役立ちます。

資料	🔖
質問	❓
課題	📋
テスト付きの課題	📋

クラスメートの解答

右の「質問」画面で生徒は「自分の解答」を選ぶと自分の解答を確認でき、「クラスメールの解答」を選択すると、クラスメートの解答を閲覧できます。

自分の解答	クラスメートの解答

「テスト付きの課題」の自動採点

採点業務に悩みを抱えている教師の手助けになるのが「テスト付きの課題」の自動採点機能です。詳しくは、Sec.56を参照してください。

資料

もっともシンプルな課題配付のタイプが「資料」です。ネーミングや92ページの表内に「×」が付されている項目が多いことからもわかるように、教師から生徒への一方通行の「資料」を配付するときに使うことが多くなります。

質問

次に「質問」です。「質問」と「課題」「テスト付きの課題」との違いは、「ルーブリックの設定」と「生徒の解答を他の生徒が閲覧可能」の2項目だと92ページの表からわかります。そして、「質問」だけに固有の機能が「生徒の解答を他の生徒が閲覧可能」という設定です。これをうまく活用することがポイントになります。

課題

「課題」はもっとも多く利用される課題のタイプです。自由度が高く、ルーブリックや独自性の確認といった細かな設定も可能なため、4タイプの中心的な存在です。これをマスターすることで Classroom 活用が円滑に進むといっても過言ではないでしょう。

テスト付きの課題

「テスト付きの課題」と「課題」との大きな違いは、「テスト付きの課題」を選択すると、自動的にフォームのテストモードのリンクが生成される点です。小テストで生徒の理解度を図ったり、確認テストで学習の定着を把握したりすることで、生徒に対する支援を行いやすくするといった活用も可能です。また、自動採点も可能なため、採点業務への効率化も期待できます。

Section

33 | 資料を作成しよう

ここで学ぶこと

・資料の作成
・YouTubeの追加
・トピック

授業中に生徒の理解を助けるために補助資料を使ったり、学級運営の一助として学級日誌を配付したりすることがあるでしょう。こうしたときに便利なのが「資料」での課題配付で、情報伝達をスムーズに行うことができます。

① 資料を作成する

解説

「資料」は配付用途

「資料」では回収と採点を行うことができないため、生徒に課題を配付するだけで目的が達成する場合に使うとよいでしょう。

ヒント

補足資料を加える

「資料」にもドライブの資料やYouTubeの動画など補足資料を添付することができます。詳しくは、95ページを参照してください。

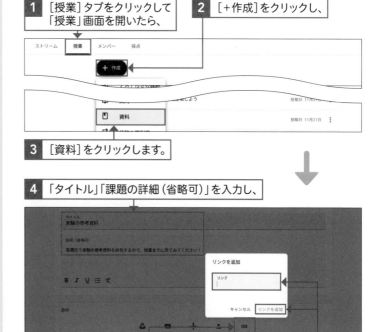

1 ［授業］タブをクリックして「授業」画面を開いたら、

2 ［＋作成］をクリックし、

3 ［資料］をクリックします。

4 「タイトル」「課題の詳細（省略可）」を入力し、

5 ここでは「添付」の［リンク］をクリックし、

6 URLを入力して、［リンクを追加］をクリックします。

7 リンクが添付されていることを確認し、［投稿］をクリックします。

② YouTube の動画を資料として配付する

ヒント

動画選びのポイント

YouTube にはたくさんの動画コンテンツがあります。最近では教育系YouTuberというジャンルが確立されて良質な学習コンテンツも提供されています。お気に入りの動画があった場合には保存したり、プレイリストに追加したりしておくとよいでしょう。

補足

動画の検索

YouTube 動画は、キーワードを入力して検索するほか、事前に調べておいた動画のURLを貼り付けて検索することも可能です。

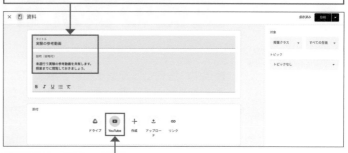**補足**

トピックの設定

作成した「資料」を整理するためにはトピックの設定を行いましょう。詳しくは、Sec.45を参照してください。

1 94ページを参考に、「資料」の作成画面を開いたら、「タイトル」「課題の詳細（省略可）」を入力し、

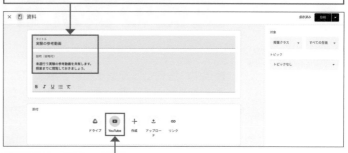

2 「添付」の［YouTube］をクリックします。

3 検索欄にキーワードを入力して動画を検索します。

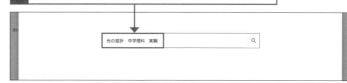

4 検索結果から添付したい動画を選択し、［動画を追加］をクリックします。

5 動画が添付されていることを確認し、［投稿］をクリックします。

記述式の質問で生徒の状況を把握しよう

ここで学ぶこと

・質問の投稿
・記述式の質問
・学びの変化を確認

授業中に生徒たちの意見を引き出すことで、意見や考えが広がったり、深まったりすることがあると思います。こうしたとき「質問」を使うと、生徒の意見を確認するだけでなく、新たな気づきを生み出すことができます。

① 記述式の質問を作成する

解説

質問と解答をセットで考える

「質問」固有の機能が、生徒の解答をほかの生徒が閲覧できるという点です。選択式の場合は結果を閲覧するだけですが、記述式の場合は生徒の解答に返信することも可能です。このため、質問とその解答をセットで検討して投稿することで、生徒同士の学び合いを引き出すといった活用もできます。

ヒント

補足資料を加える

「質問」でも「ストリーム」や「資料」と同様に、ドライブの資料や YouTube の動画など補足資料を添付できます。

補足

記述式と選択式

「質問」では記述式か選択式かを選べます。オープンな質問で意見を広げたいときは記述式を採用し、立場を明確にしたい場合は選択式を採用するなど、質問内容に応じて使い分けましょう。

1 94ページ手順 **1** の画面で［質問］をクリックします。

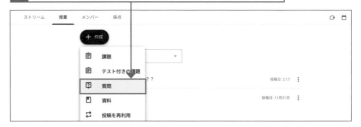

2 「質問」「課題の詳細（省略可）」を入力し、

3 「質問」の右にあるプルダウンメニューから［記述式］をクリックして選択します。

4 ［質問を作成］をクリックします。

② 学習の前と後での変化を質問で確認する

クラスメートへの返信

「質問」では、ある生徒の解答にほかの生徒が返信できるか設定できる機能があります。「生徒は他のクラスメートに返信できます」をオンにすることで、学び合いが促進されます。

「質問」では、「記述式」を選択すると、生徒が解答したあとでも記述内容を編集できる機能があります。学習の前と後で、生徒の考えや気づきにどのような変化があったかを確認したいときなどに有用です。

「質問」を利用した授業での実践例

理科の実験で、教師は授業の導入時に「質問」から実験結果を予想する内容を配付します。このときに、質問の作成画面右側にある詳細設定メニューから「生徒はクラスメートに返信できます」「生徒は解答を編集できます」をオンに設定しておくと、生徒が実験結果の予想を解答した際に、ほかの生徒の予想を確認したり、返信したりすることが可能です。誰がどのような道筋で考えているのかがわかり、新たな気づきも創出しやすくなります。

生徒が質問の解答をしたときに、ほかの生徒の解答を確認したり、コメントしたりできるようになります。

生徒が提出済みの解答を編集できるようになります。

そして授業の終末（実験後）に、生徒は実験を通して学んだことや感想、考察したことなどを返信を利用して記入します。

生徒が解答を編集する

記述式を選択すると、生徒が提出後でも解答を編集できるかどうか設定できます。ほかの生徒の解答に触発されて考えを変えたり、深めたりなどといった変化を記録する効果も期待できます。

35 | 1つの選択肢で生徒の アクションをチェックしよう

ここで学ぶこと

・選択式の質問
・選択肢を1つに設定

「課題」として提出を求めるほど重くはなく、しかし伝えた内容が本当に伝わっているのか確認したいときに使えるのが、「質問」の選択肢を1つに設定する方法です。「質問」の活用の応用編として利用することができます。

---

① 選択式の質問を作成する

 補足

選択式の設定

記述式では「解答を編集する」ということができましたが、選択式ではこの機能が利用できません。このため、選択式の質問はクローズドな内容が取り扱いしやすいでしょう。

1 96ページ手順 **1**～**2**を参考に、「質問」の作成画面を開き、「質問」「課題の詳細（省略可）」を入力したら、

2 「質問」の右にあるプルダウンメニューから［選択式］をクリックして選択します。

3 ［選択肢を追加］をクリックして、選択肢を設定し、

4 ［質問を作成］をクリックすると、

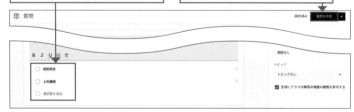

5 選択式の質問が作成されます。

② 1つの選択肢の質問を作成する

💬 解説

1つの選択肢の意味

資料を配付しても、生徒たちが内容を確認したのかわからないのは居心地のよいものではありません。そうしたときに使える活用法が、選択肢を1つ設定した「質問」の投稿です。「確認しました」という選択肢を設定して解答をもらうことで、すばやく生徒たちのアクションが把握できます。

選択式の「質問」を利用する際には、「はい」や「いいえ」や「賛成」や「反対」など立場を明確にした選択肢のほうが「質問」を作成しやすいといえます。

しかし応用編として、1つの選択肢を設定することで、投稿した内容についての確認をすばやく行うことも可能になります。

1 98ページ手順 **1** ～ **2** を参考に、選択式の質問を作成し、選択肢を1つ設定します。

2 [質問を作成]をクリックすると、

3 選択肢が1つの質問が投稿されます。

✨ 応用技

1つの選択肢の「質問」解説動画

使い方について詳しく解説した動画が「どこがく」のチャンネルで公開されていますので、ぜひチェックしてみてください。

• YouTube「どこがくチャンネル」（https://www.youtube.com/@dokogaku.)

教師画面

「生徒の提出物」ページから、確認状況が一目でわかるので便利です。

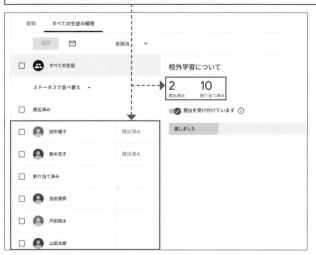

ここで学ぶこと

・課題の配付
・資料の添付
・課題の下書き

授業の理解度を測る際に、振り返りを利用するケースが増えてきました。こうしたときに便利なのが「課題」の配付です。生徒からの提出やフィードバックも容易なので、授業の前後で使える場面は多岐にわたります。

① 課題を配付する

🗨 解説

課題の作成

授業中に使用する参考資料やワークシートなどを配付したいときは、「課題」を作成し、ファイルを添付して配付するのが便利です。動画やURLなども一斉に配付できるため、さまざまな資料やツールを組み合わせて、生徒たちの理解を助けたり、深めたりさせるときに役立ちます。

💡 ヒント

補足資料を加える

「課題」でもドライブの資料や YouTube の動画など補足資料を添付することができます。授業前に指定した動画を視聴し、かんたんなレポートを提出させたうえで授業を行えば、手軽に反転授業を実現できます。

✏ 補足

共有設定

ファイルの共有設定について詳しくは、104ページの側注解説を参照してください。

---

1 94ページ手順 **1** の画面で［課題］をクリックします。

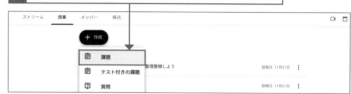

2 「タイトル」「課題の詳細（省略可）」を入力し、

3 必要に応じて「添付」からファイルを選択して追加します。

4 ファイルを追加すると、共有設定のプルダウンメニューが表示されるので、共有権限を設定し、

5 ［割り当て］をクリックします。

② 課題を下書き保存する

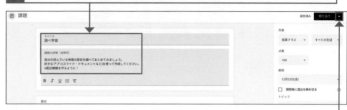

解説

下書き保存

課題を配付する際に、もう少し内容を吟味してから送りたいケースもあるでしょう。そのような場合は、下書き保存が便利です。アイデアを書き溜めておくことができ、続きから始めることもできるため効率的に作業を進めることができます。

1 100ページ手順 **1** ～ **2** を参考に、課題を途中まで作成したら、

2 「割り当て」の右にある ▼ をクリックします。

3 ［下書きを保存］をクリックします。

下書き保存の課題がある画面

下書き保存した課題は、「授業」タブの課題一覧において、すでに配付された課題とは異なる表示で示されます。

下書き保存した課題

補足

複数クラスに対する下書き

「課題」を作成して複数クラスに対して下書きを保存した場合、対象として選んだすべてのクラスに下書きが保存されます。ただし、再度複数クラスに対して同時に内容を編集したい場合には、最初に「課題」を作成したクラスで作業を継続する必要があります。複数クラスへの投稿については、Sec.39を参照してください。

下書きの続きを作成したいときや、最終的に下書きを利用しなかった場合は、編集／削除ができます。

Section

37 | 課題の提出期限を設定しよう

ここで学ぶこと

- ・課題の提出期限
- ・提出期限の設定
- ・提出の締め切り

生徒に課題を配付するときは、「次の時間までに実施しておくこと」や「○月○日までに提出」など、たいていの場合は提出期限が決まっているでしょう。期限を区切ることで、生徒が課題に取り組みやすく、教師は確認がしやすくなります。

① 課題の提出期限を設定する

 補足

ストリームへの提出期限の表示

「課題」に提出期限を設定すると、ストリームにも反映されます。

また、課題の詳細画面にも期限に応じたステータスが反映されます。

 補足

提出期限の詳細

提出期限は日にちで設定できるほか、時刻を指定をすることもできます。ただし、時刻を設定する場合は手入力する必要があります。

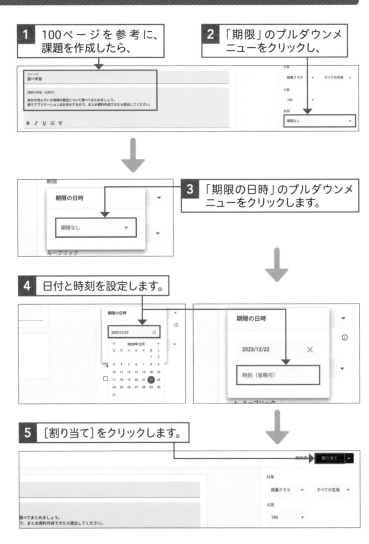

1 100ページを参考に、課題を作成したら、

2 「期限」のプルダウンメニューをクリックし、

3 「期限の日時」のプルダウンメニューをクリックします。

4 日付と時刻を設定します。

5 ［割り当て］をクリックします。

② 期限後に提出を締め切る

💬 解説

**期限後でも提出を
締め切らない**

「期限後に提出を締め切る」にチェックを
入れなければ、期限後の提出も可能です。
ただし、いつ提出したかまでは確認できま
せん。

配付する「課題」に提出期限を設定する際、「期限後に提出を締め切る」
かどうか決めることができます。

締め切り後は、提出した課題の変更もできません。

生徒画面

期限を過ぎると、生徒は課題を提出できなくなります。こうしたケー
スで生徒が相談に来た場合は、提出期限の遵守を伝えたうえで、「期
限後に提出を締め切る」のチェックを外して、提出を再度受け付ける
ことも可能です。

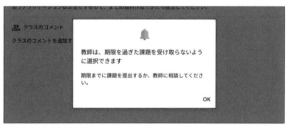

💡 ヒント

期限間近の表示

提出期限を設定すると、期限間近の提出
課題がある場合、クラスにリマインドが表
示されます。

Section 38 | 課題に添付したファイルの共有権限を設定しよう

ここで学ぶこと

・共有権限
・閲覧者
・編集者

「課題」の配付の際にキーポイントになるのが、添付したファイルの権限設定です。生徒たちに「課題」をどのように作業してほしいのかを念頭に置いて、共有権限の設定を行いましょう。

① 課題にファイルを添付して権限を設定する

💬 解説

共有の権限

Google Workspace for Education の各種アプリには、共有したファイルやフォルダを閲覧のみできる「閲覧権限（閲覧者）」、内容についての提案のみ受けたいときに利用できる「コメント権限（閲覧者（コメント可））」、データを直接修正したり変更できる「編集権限（編集者）」の3つの共有に関する権限があります。Classroom での課題配付もこの考え方を応用します。

💬 解説

課題の権限設定と利用場面

権限設定	利用場面
生徒がファイルを閲覧できる：閲覧権限（閲覧者）	データの参照、資料配付
生徒がファイルを編集できる：編集権限（閲覧者）	共同作業
各生徒にコピーを作成コメント権限（閲覧者（コメント可））	課題の提出

生徒がファイルを閲覧できる

生徒の学習に必要なデータや調べ学習を手助けする資料を配付するときは、「生徒がファイルを閲覧できる」を利用します。

1 課題を作成したら、100ページを参考に、「添付」からファイルを追加します。

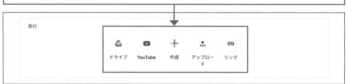

2 ファイルを追加すると、共有設定のプルダウンメニューが表示されるので、ここでは［生徒がファイルを閲覧できる］をクリックします。

3 ［割り当て］をクリックします。

ヒント

設定した権限の表示

権限を設定して課題を配付しても、ストリームなどには共有の権限までは反映されません。権限を確認するには、課題の編集画面からのみ可能です。

生徒がファイルを編集できる

グループごとに学習のまとめのスライドをつくるなど1つのファイルを共同編集したいときは、クラスの全生徒がファイルを扱える「生徒がファイルを編集できる」を設定します。

1 104ページ手順**2**の画面で、ここでは［生徒がファイルを編集できる］をクリックします。

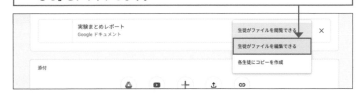

2 ［割り当て］をクリックします。

各生徒にコピーを作成

個々にレポートを提出させるなど、生徒の手元にファイルのコピーを配付したいときは「各生徒にコピーを作成」を設定します。

1 104ページ手順**2**の画面で、ここでは［各生徒にコピーを作成］をクリックします。

2 ［割り当て］をクリックします。

ヒント

課題配付後の権限の変更

課題配付後のファイルの権限変更は「生徒がファイルを閲覧できる」と「生徒がファイルを編集できる」のときだけ実行することができます。

ここで学ぶこと

・複数クラスに投稿
・複数クラスに予約投稿

「課題」を配付する際、送付対象と送信タイミングは任意で選ぶことができますが、さらに便利なのが複数クラスに対してこのコマンドを実行できることです。同じ作業を繰り返す必要がないので、作業の効率が格段にアップします。

① 複数クラスに投稿する

補足

複数クラスに投稿するメリット

「明日は急な工事が入ったために体育館が使えなくなりました」のような各クラス共通した話題があった場合、いちいち各クラスごとに連絡を回すことなく、一度にすべての対象に内容を伝えることができるのはICTならではの利便性です。

1 100ページを参考に、課題を作成したら、「添付」からファイルを追加します。

2 「対象」のクラスのプルダウンメニューをクリックし、配付したいクラスをクリックして、チェックを入れます。

3 「○個のクラス」という表示に変更されたのを確認し、

ヒント

送付できるユーザー

複数クラスを選択すると、対象とするユーザーは「すべての生徒」になり、個別の生徒を選ぶことができなくなります。

4 [割り当て]をクリックします。

② 複数クラスに予約投稿する

💬 解説

投稿日時の設定項目

「公開日(必須)」「期限」「トピック」の3つの設定を、複数クラスに対して実行することができます。

✏️ 補足

配付日時までの課題

予約投稿を設定した課題は、配付日時まで「授業」タブで保存されます。

💡 ヒント

予定設定後の変更

一度、複数クラスに予定を設定したあとに、内容や時刻などを変更したい場合には、各クラスごとに編集を行う必要があります。

---

1 106ページ手順 **1** ～ **2** を参考に、課題を作成し、配付したいクラスを複数設定します。

2 「割り当て」の右にある 🔽 をクリックし、

3 [予定を設定]をクリックします。

4 配付したい日時を設定し、

5 [予定を設定]をクリックします。

設定をすべてにコピー

もともと課題を作成したクラスに投稿する設定を、ほかのクラスにも適用させたい場合は、手順**4**の画面で[設定をすべてにコピー]→[設定をコピー]の順にクリックします。

Section

40

課題に点数を設定しよう

ここで学ぶこと

・課題に点数を設定
・配点の表示を確認

生徒に課題を提出させる場合、課題の特性にもよりますが、点数をつける場面も多いでしょう。生徒のやる気や学習の動機を継続させるために、うまく点数を設定しましょう。

① 課題に点数を設定する

💬 解説

点数の配点

点数は数字と「点数なし」を選ぶことができます。数字の場合は、100点満点にすることが多いと思いますが、100点以上の配点も可能です。点数は手順2の画面で入力できます。

1 94ページ手順1の画面で［課題］をクリックします。

2 102ページを参考に、課題を作成したら、「点数」で課題の点数を設定し、

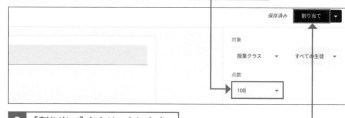

3 ［割り当て］をクリックします。

✏️ 補足

成績のカテゴリ

採点機能を設定する際に、成績のカテゴリを設定することもできます。詳しくは、Sec.55を参照してください。

4 点数付きの課題が配付されます。

課題に採点を設定すると、課題の画面の「成績」に配点が表示されます。

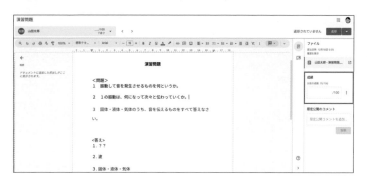

配点の表示

配点を設定すると、課題の画面にも配点が自動的に表示されるようになります。

また、「生徒の提出物」ページや「採点」タブから、配点の表示を確認することができます。

> 108ページ手順**4**の画面で［手順を表示］→［生徒の提出物］の順にクリックすると、「生徒の提出物」ページが表示されます。

> 設定した配点を確認できます。

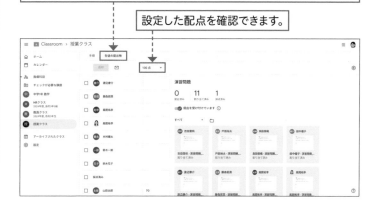

課題を採点する基本

Classroomでは、「数値で採点する」「コメントのみのフィードバックを提供する」、またはその両方を行うことができます。また、採点せずに課題を返却することもできます。詳しくは、Sec.50,53を参照してください。

`生徒画面`

> 生徒側は、ストリームや課題の画面などで課題の配点を確認することができます。

採点の返却手順

採点の画面に遷移した後、点数をつけて生徒に返却することができます。詳しくは、Sec.54を参照してください。

投稿を再利用しよう

ここで学ぶこと

・投稿の再利用
・添付ファイルの扱い

一度課題を作成したら、何度でも繰り返し再利用できるのが、デジタルならではのメリットです。課題に添付したファイルも再利用することができるので、「投稿の再利用」の機能を使って、効率的に作業を行いましょう。

① 投稿を再利用する

解説

再利用できる投稿の種類

投稿の再利用は、すでに投稿した課題はもちろんのこと、下書き状態のものや、投稿予定のものまで利用することができます。

1 94ページ手順**1**の画面で［投稿を再利用］をクリックします。

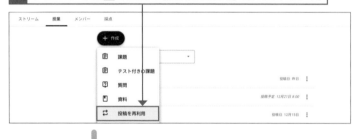

2 再利用したい課題をクリックして選択し、

3 ［再利用］をクリックします。

ヒント

設定の引き継ぎ

投稿を再利用すると、もともと課題を作成したときの設定が引き継がれる項目とそうでない項目があります。

●引き継がれる項目
トピック、成績のカテゴリ、採点の点数

●引き継がれない項目
対象、期限

4 「課題」の作成画面が表示されるので、必要に応じて項目を編集し、

5 ［割り当て］をクリックします。

② 再利用時に添付ファイルの新しいコピーを作成する

解説

新しいコピーを作成する

投稿を再利用するときに、添付している
ファイルの再利用も可能です。もとの課
題に添付されていたファイルの新しいコ
ピーを作成できます。

1 94ページ手順**1**の画面で［投稿を再利用］をクリックします。

2 再利用したい課題をクリックして選択し、

3 ［すべての添付ファイルの新しいコ
ピーを作成する］をクリックして
チェックを入れ、

4 ［再利用］をクリック
します。

補足

添付ファイルの確認

再利用の際、「すべての添付ファイルの新
しいコピーを作成する」にチェックを入れ
て課題を作成した場合、下のように新しい
ファイルが作成されます。

5 「課題」の作成画面が表示される
ので、必要に応じて項目を編集し、

6 ［割り当て］をクリック
します。

テスト付きの課題で
選択式の課題を作成しよう

ここで学ぶこと

・テスト付きの課題
・選択式の課題
・テストモード

課題を作成する場面は多岐にわたりますが、テスト付きの課題を利用すると、課題を作成するのと同時にフォームのテストも自動生成され、すばやくテスト作成に取り掛かることができます。

① テスト付きの課題で選択式の課題を作成する

💬 解説

Google フォームの
テストモード

アンケートの回答収集によく使われるフォームですが、テスト作成に便利なテストモードがあります。テストモードにすることで、点数の割り当て、解答の設定、フィードバックの自動提供ができるようになります。

1 94ページ手順 **1** の画面で［テスト付きの課題］をクリックします。

2 100ページを参考に課題を作成し、　　必要に応じて「対象」「点数」「期限」などを設定します。

3 添付のフォームをクリックします。

4 左上のファイル名と中央の「フォームのタイトル」を入力し、

✏️ 補足

Google フォームから戻る

手順 **4** の画面から手順 **2** の画面に戻るには、Chromeのタブをクリックして切り替えます。なお、フォームに入力した内容は自動的にドライブに保存されるので、手順 **2** の画面で再度フォームをクリックすると、続きから編集できます。

5 質問と解答の選択肢を入力したら（113ページ参照）、手順 **2** の画面に戻って［割り当て］をクリックします。

② 多様な選択肢を活用する

🗨 解説

選択肢の形式

フォームの選択肢は多様なパターンが用意されているので、設問に適した選択肢を選ぶとよいでしょう。「ラジオボタン」「チェックボックス」「プルダウン」「均等目盛り」「選択式（グリッド）」「チェックボックス（グリッド）」「日付」「時刻」を利用することができます。最初のうちは、ラジオボタンやチェックボックス、プルダウンが設定しやすく、使いやすいのでおすすめです。

ここでは、112ページ手順 **3** の続きから解説します。

1 「Blank Quiz」に課題のタイトルを入力します（ファイル名を修正すると自動的にファイル名が反映されます）。

必要に応じて説明文を入力します。

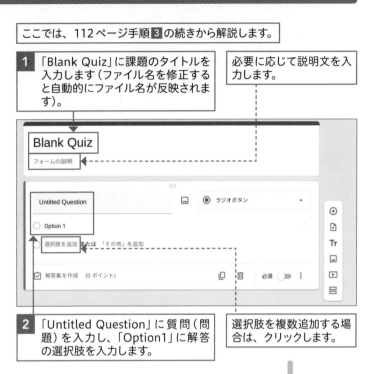

2 「Untitled Question」に質問（問題）を入力し、「Option1」に解答の選択肢を入力します。

選択肢を複数追加する場合は、クリックします。

3 ⊕ をクリックすると、

4 質問項目が追加されます。

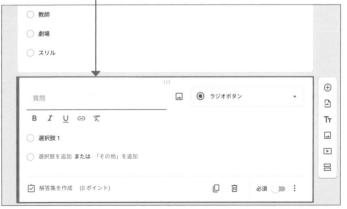

💡 ヒント

必須の項目

フォームでは、必須の質問と、任意の質問のものとで分けることができます。デフォルトでは任意になっているため、全員の解答を集めたい場合には「必須」をオンに設定しましょう。

Section

43 テスト付きの課題で記述式の課題を作成しよう

ここで学ぶこと

・テスト付きの課題
・記述式の課題
・課題の詳細設定

テスト付きの課題では記述式の課題を設定することもできます。記述式には短文向けと長文向けのタイプがあるため、かんたんな授業の振り返りを書かせたり、レポート提出などに使ったりすることができます。

① テスト付きの課題で記述式の課題を作成する

解説

記述式の2つの方式

記述式のテスト付きの課題では、「記述式」と「段落」の2つから選ぶことできます。「記述式」では短文の解答を、「段落」では、1段落以上の長い解答を記入できます。

1 112ページ手順**1**～**2**を参考に、テスト付きの課題を作成したら、添付のフォームをクリックします。

| Blank Quiz |
| Google フォーム |

Classroom では課題の成績をインポートできます。成績のインポートでは、各フォームがユーザーあたり1つの解答に自動的に制限され、メールアドレスが収集され、解答はドメイン内のユーザーに限定されます。

2 ファイル名やフォームのタイトルを入力し、

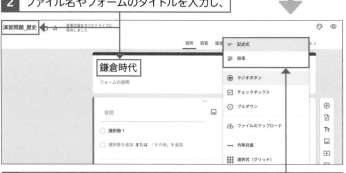

3 「質問」の右にある解答形式のプルダウンメニューから [記述式] または [段落] をクリックして選択します。

記述式の場合

短文の記述式解答に向いています。

段落の場合

段落を入力できるので長文の記述式解答に向いています。

② 課題の詳細を設定する

💬 解説

テスト付きの課題の詳細設定

作成したテスト付きの課題では、成績の発表タイミングや解答者の設定などを変更できます。

💡 ヒント

成績の発表タイミング

自動採点し、成績スコアを解答者にすぐに返却することで、間違った箇所の見直しを促すことができます。

✏️ 補足

解答者の設定

不正解だった質問（問題）があった場合、解答者はどの質問で不正解だったかを確認できます。正解の場合は、成績の通知後に各質問の得点を確認できます。正解や不正解について教師から詳しく解説したいときなどは設定をオフにすることも1つのやり方です。また、点数からは、総合得点と各質問の得点を確認可能です。

1 114ページ手順**2**の画面で［設定］をクリックします。

2 「設定」画面が表示されるので、「成績の発表」から任意の設定をクリックして選択します。

3 下にスクロールすると「回答者の設定」を変更できます。

4 手順**3**の画面を下にスクロールして、「回答」から「回答を1回に制限する」の ⬤ をクリックしてオンにすると、回答の回数を1回に制限することができます。

Section

44 | 解答集を作成して自動採点しよう

ここで学ぶこと

・解答集の作成
・自動採点
・解答の検証

テスト付きの課題では、あらかじめ解答集を作成しておくことで、自動採点（141ページ参照）が可能です。選択式はもちろん、記述式でも対応できるため、採点業務の省力化に大きく貢献します。

1 選択式の解答集を作成する

ヒント

解答集を利用できる形式

解答集は、以下の形式を利用する場合に使うことができます。

・記述式
・選択式
・チェックボックス
・プルダウン
・選択式（グリッド）
・チェックボックス（グリッド）

補足

Google フォーム上での配点

解答集を作成すると、質問ごとに点数を設定することができます。第7章で紹介する「採点」タブには反映されない、「テスト付きの課題」固有の配点（ポイント）になります。

1 Sec.42を参考に、「テスト付きの課題」を作成し、フォームで質問を作成します。

2 ［解答集を作成］をクリックします。

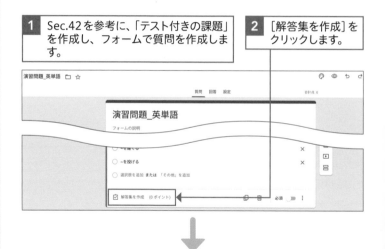

3 正解の選択肢をクリックして選択し、

4 点数を設定して、

5 ［完了］をクリックします。

6 「テスト付きの課題」の作成画面に戻り、［割り当て］をクリックします。

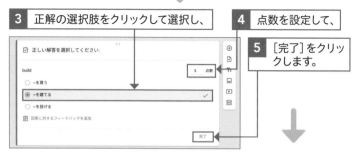

② 記述式の解答集を作成する

補足

質問のルール

記述式、段落、チェックボックスを選んだ場合には、質問の作成時にルールを設定できます。たとえば、数字の質問の場合、「50以上の整数」のように指定可能です。また、記述式の場合は、「500字以内」といった指定をすることもできます。

1 Sec.42を参考に、「テスト付きの課題」を作成し、フォームで質問を作成します。

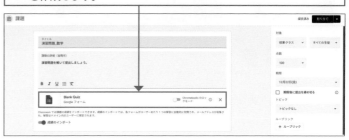

2 [解答集を作成] をクリックします。

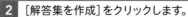

3 「正解」の項目に解答（例：単位の違い、漢字の有無、コンマの有無など）をすべて入力し、

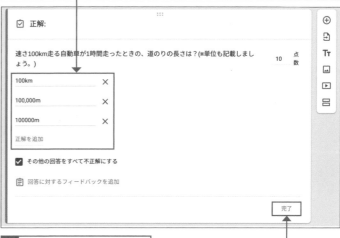

ヒント

不正解の設定

正解を設定したあと、「その他の回答をすべて不正解にする」にチェックを入れると紛らわしい解答を不正解にできます。

4 [完了] をクリックします。

トピックで課題や資料を整理しよう

ここで学ぶこと

・トピックの設定
・トピックを設定した課題の配付

授業に関する資料が増えると、どの資料がどの単元の資料なのか関連が曖昧になってきて、生徒たちの学びの導線も曖昧になってしまいます。こうしたときに便利なのがトピックの設定です。トピックを活用して、上手に整理を行いましょう。

① トピックを設定する

 解説

トピックの立て方

トピックは任意の言葉で設定ができます。単元や学習のまとまりなどで設定するのがわかりやすいでしょう。それ以外ではいつ学習したかがわかるように、「1学期」などと命名規則をつけるのもおすすめです。

補足

トピック名の変更／削除

一度設定したトピック名を変更したり、トピック自体を削除したりしたい場合は、手順 4 の画面で ┇ →[名前を変更]または[削除]の順にクリックします。

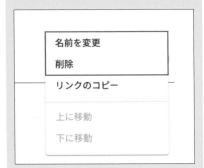

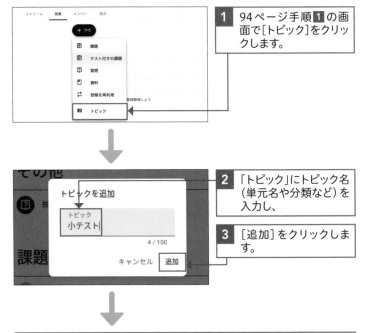

1 94ページ手順 1 の画面で[トピック]をクリックします。

2 「トピック」にトピック名（単元名や分類など）を入力し、

3 [追加]をクリックします。

4 作成したトピックは、「授業」画面の課題一覧に追加・表示されます。

② トピックを設定した課題を確認する

解説

トピックの切り替え

トピックを設定した課題を配付後、「授業」タブを開くと、自動的にトピック名ごとに表示を切り替えることができるようになります。

1 94ページ手順**1**を参考に［授業］タブをクリックし、トピックのプルダウンメニューから、表示を確認したいトピック（ここでは［課題］）をクリックして選択します。

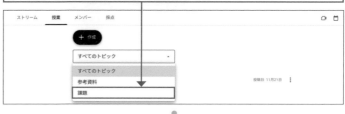

補足

表示の順序

課題一覧に表示される順序は、常にトピックを設定していない課題が最上位に表示されるしくみになっています。

2 トピック配下の課題だけが表示されます。同様の手順で［すべてのトピック］をクリックすると、手順**1**の画面に戻ります。

③ 配信済み課題のトピックを変更する

解説

設定したトピックの変更

一度設定したトピックを変更するには、課題を配付したあとの編集画面から行います。トピックを変更すると、「授業」タブの課題一覧での表示も変更されます。

1 課題一覧からトピックを変更したい課題の：をクリックし、

2 ［編集］をクリックします。

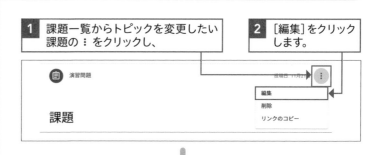

3 「課題」の作成画面が表示されるので、「トピック」から任意のトピック（ここでは［課題］）をクリックして選択し、

4 ［保存］をクリックします。

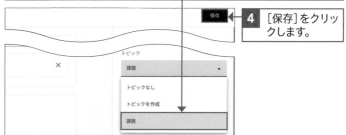

Chromebook で 定期テストを実施しよう

6

授業タブを使いこなそう

ここで学ぶこと

- ・Chromebook
- ・ロックモード
- ・フィードバック

学校の管理下で Chromebook を利用している場合、ロックモードを利用することで、テスト付きの課題の画面しか開けなくすることができます。この機能を利用することで、定期テストとして活用することができます。

① Chromebook のロックモードを設定する

🗨 解説

Chromebook のロックモード

ロックモードを利用すると、生徒はテスト中に Web サイトを閲覧したり、ほかのアプリを開いたりすることができなくなります。ロックモードは、Google Workspace for Education のアカウントで各自が Chromebook を使っている場合に利用できます。

1 Sec.42 を参考に、「テスト付きの課題」を作成し、フォームで質問を作成します。

2 テスト付きの課題の作成画面に戻ったら、「Chromebook のロックモード」をオンにし、課題を配付します。

生徒画面

ロックモードがオンの状態で配付された課題では、以下の画面が表示されます。[テストを開始]をクリックすると、開いていたタブもすべて非表示になります。解答を送信し、提出完了すると、ロックモードがオフになり、もとの画面に戻ります。

💡 ヒント

解答回数の制限

ロックモードを利用すると、生徒は1回しか解答できなくなります。このため、「この設問に答えると解答の編集に戻れなくなり、テストを終了することになります」といった提出の完了を問う設問を入れることで、解答の誤送信を防ぐことができます。

② 回答に対するフィードバックを設定する

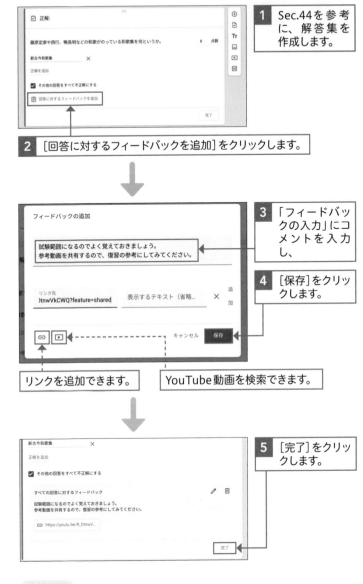

💬 解説

フィードバック

問題から派生した関連問題に取り組ませたり、解説動画などを視聴させたりしたい場合には、「回答に対するフィードバック」を利用できます。テストとして利用する場合、テスト後に生徒たちがどのように学びに向かっていくか支援するかも大切なポイントです。

1 Sec.44を参考に、解答集を作成します。

2 ［回答に対するフィードバックを追加］をクリックします。

3 「フィードバックの入力」にコメントを入力し、

4 ［保存］をクリックします。

リンクを追加できます。

YouTube動画を検索できます。

✏️ 補足

テストの詳細設定

Sec.43でも触れましたが、成績の発表タイミングや、正解や不正解、点数の表示・非表示は切り替えることができます。定期テストの場合は、教師が任意のタイミングで表示させるのがよいでしょう。

5 ［完了］をクリックします。

⚠️ 注意

テスト内容とその吟味

自動採点は便利で採点業務を省力化できますが、それによってテスト回数が増えてしまっては、生徒の負担も大きくなります。テストの位置付けやテストで確認したいことなど、内容や目的をしっかり吟味したうえで利用するようにしましょう。

生徒画面

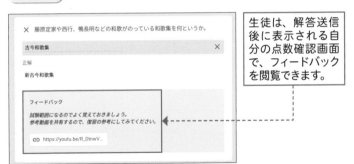

生徒は、解答送信後に表示される自分の点数確認画面で、フィードバックを閲覧できます。

Section

47 分岐式の質問を作成しよう

ここで学ぶこと

・セクション
・解答の検証

テスト付きの課題では、フォームの「セクション」という機能を使って、解答内容に応じて、次に出す質問を分岐させることができます。個別最適な学びを実現する1つの方法として利用できます。

① セクションを作成する

重要用語

セクション

セクションとは、質問ごとの小さなまとまりを意味します。ある質問に解答したあと、次のセクションに進んだり、所定のセクションに移動したり、フォームの送信に移動したりすることができるようになります。

1 Sec.42を参考に、「テスト付きの課題」を作成し、フォームで質問を作成します。

2 🗒 をクリックします。

3 「セクションタイトル」を入力し、

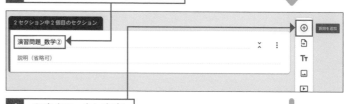

4 ⊕ をクリックします。

5 続きの質問を作成します。

② セクション間を移動する

解説

セクション間の遷移

セクションを作成することで、ある質問（問題）を正答できればAの質問に遷移し、誤って解答すればBの質問に移動するといった設定が可能になります。

補足

セクションの移動／削除／統合

作成したセクションは移動したり、削除したり、ほかのセクションと統合したりすることもできます。

解説

セクションの適用範囲

「回答に応じてセクションに移動」は、選択式とプルダウン形式の質問でのみ利用できます。

1 122ページを参考に、複数のセクションを作成します。

2 ⋮ → ［回答に応じてセクションに移動］の順にクリックします。

3 作成した解答の右にある［次のセクションに進む］をクリックし、移動先のセクションを設定します。

目次問題を作成する

設問を目次として扱うようにすれば、個々のニーズに応じて必要な支援を行うことができ、個別最適な学びを実現します。

選択式で単元を選択できるような質問を作成します。

それぞれの選択肢に対する参考動画を、セクションを追加して設定していくと、単元を選択することで単元に関連する動画だけを視聴できます。

Section

48 作成した課題や提出された課題の場所を確認しよう

ここで学ぶこと

・Google ドライブ
・ファイルの権限移譲

教師が作成した課題ファイルや、生徒から提出を受けた課題はドライブに自動で保存されます。Classroom で作成した各クラスからだけではなく、ドライブから検索することで該当のファイルにアクセスすることができます。

① Google Classroom のドライブを確認する

💬 解説

Google ドライブ

Google Workspace for Education で提供されているデータ保存領域を「Google ドライブ」と呼びます。検索性に優れていて、ファイル形式やユーザーなどを指定して該当のファイルを探すことができます。

✏️ 補足

Google Classroom の ドライブ

作成したクラスごとに Classroom のドライブは作成されます。各クラスで作成した課題や、このクラスで生徒から提出された課題は、この領域に保存されます。

💡 ヒント

提出後の取り消し

生徒が課題を提出すると、ファイルのオーナー権限が生徒から教師に移譲されます。ファイルを提出し直したい場合は、教師が提出の取り消しをする必要があります。

---

1 クラスを表示し、画面右上の △ をクリックします。

2 ドライブが開きます。マイドライブに「Classroom」というフォルダが自動生成されます。

3 「Classroom」フォルダを開くと、所属しているクラスごとにフォルダを確認できます。各クラスのファイル内に、配付した課題や参考資料などのファイルが保存されています。

第 **7** 章

課題の採点や
フィードバックをしよう

49 生徒からの提出物を確認しよう

ここで学ぶこと

・生徒の提出物
・提出済みと割り当て済み
・並び替え

教師がさまざまな課題を提出すれば、最終的には生徒から提出物を受け取ることになります。提出された課題が Classroom でどのように表示されるのか、確認しましょう。

① 「ストリーム」タブから確認する

💡 ヒント

ストリームの表示

ストリームに多数の課題を投稿していると、どの資料の提出物を確認したいか迷うことも出てきます。ストリームの表示形式（75ページ参照）を「添付ファイルと詳細を表示」に切り替えることで、クイックに探し出すことができます。

✏️ 補足

提出状況の見方

手順 **2** の画面では、すでに課題を提出した生徒は「提出済み」に、未提出の生徒は「割り当て済み」に分類され、その総数が表示されます。

1 74ページ手順 **1** ～ **2** を参考に「ストリーム」タブを開き、確認したい課題の通知をクリックします。

小林令奈 さんが新しい課題を投稿しました: 調べ学習
12月15日（最終編集: 0:47）

2 「生徒の提出物」ページが表示され、課題の提出状況が一覧で確認できます。課題を確認したい生徒のファイルをクリックします。

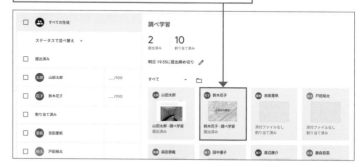

3 生徒が提出した課題画面が表示されます。確認後、[返却]をクリックします。

② 「授業」タブから確認する

補足

手順を表示

「授業」タブから確認したい課題を選択し、手順**2**の画面で［手順を表示］をクリックすると、「手順」「生徒の提出物」の画面に遷移します。ここから生徒の提出物を確認することもできます。生徒の提出物に遷移すると、課題が割り当てられた生徒ごとに、「提出済み」か「割り当て済み」かを確認できます。

ヒント

並び替え

126ページ手順**2**の左側の画面では、「ステータスで並べ替え」のプルダウンメニューから、生徒名や課題の提出状況のステータスで並び替えることができます。

また、右側の画面では、「すべて」「提出済み」「割り当て済み」「返却済み」の中から表示の切り替えが可能です。

| **1** | **10** | **1** |
| 提出済み | 割り当て済み | 採点済み |

調べ学習

明日 19:55に提出締め切り ✏

---

1 94ページ手順**1**を参考に「授業」タブを開き、確認したい課題をクリックします。

2 ［課題を確認する］をクリックします。

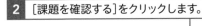

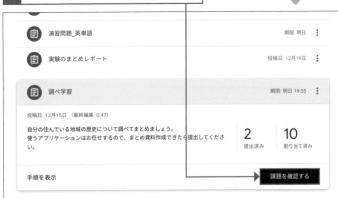

3 生徒が提出した課題画面が表示されます。確認後、［返却］をクリックします。

50 | 限定公開のコメントでフィードバックしよう

ここで学ぶこと

・限定公開のコメント
・限定公開のコメントの表示
・フィードバック

生徒から課題の提出を受けて、すばやくフィードバックできるのも Classroom のよさの1つです。このうち限定公開のコメントでのフィードバックは、閲覧できる人が教師と生徒に限定されるため、個別支援しやすい点が特徴です。

1 限定公開のコメントをする

💬 解説

限定公開のコメント

Classroom の限定公開のコメントの機能は、教師と生徒が1対1で確認したり、やり取りを深めたりするために利用できます。ほかの生徒は見ることができないので、個別支援に最適な機能です。なお、限定公開のコメントは2つの方法で送ることができます。

生徒の課題からコメントする

1 Sec.49を参考に、生徒の課題を開きます。

2 画面右側にある「限定公開のコメント」に生徒へのコメントを入力し、

3 [投稿]をクリックします。

4 [返却]をクリックすると、コメント付きで返却できます。

補足

限定公開のコメントの編集と削除

限定公開のコメントの編集や削除は「生徒の提出物」ページからのみ可能です。

「生徒の提出物」ページからコメントする

1 Sec.49を参考に、「生徒の提出物」ページを開きます。

2 左側の生徒一覧から、コメントを付けたい生徒をクリックします。

3 画面下側の「限定公開コメントを追加」に生徒へのコメントを入力し、

> 先生も知らない情報がたくさんありました。具体的な部分まで調べられていてよかったです！
>
> B *I* U ☰ ✖

4 ▷ をクリックします。

---

② 生徒が限定公開のコメントをする

 補足

生徒の限定公開のコメントを表示

生徒が限定公開のコメントを利用した場合、教師側は生徒の課題画面（128ページ手順 **1** の画面）で内容を確認できます。

限定公開のコメント

山田太郎
12月24日 15:52

祖母の代から住んでいる地元ですが、歴史について調べることはなかったので、いい機会になりました！

限定公開コメントを追加...

投稿

---

1 課題を開き、「限定公開のコメント」にある［○○先生へのコメントを追加する］をクリックします。

2 「限定公開コメントを追加」に先生へのコメントを入力し、

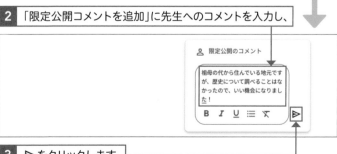

3 ▷ をクリックします。

Section

51 コメントバンクを利用しよう

ここで学ぶこと

・コメント機能
・コメントバンク
・コメントバンクの編集

生徒一人ひとりに最適な言葉かけをすることで、生徒の成長をあと押しすることができます。とはいえ、よく使う言葉は必ずあるはずです。そうした言葉をコメントバンクに登録することで、いつでも手軽に利用することができます。

① コメント機能を利用する

解説

コメント機能

ドキュメントやスプレッドシート、スライドなどのアプリには、共同編集をスムーズに行うためのコメント機能が搭載されています（21ページ参照）。生徒の提出物にもコメントを付けることで、返却時にフィードバックが可能です。

1 Sec.49を参考に、生徒の課題を開き、コメントを付けたい部分をクリック、またはドラッグして範囲選択します。

2 をクリックします。

3 コメントを入力し、

4 ［コメント］をクリックすると、

5 コメントが投稿されます。

小林令奈
15:28 今日

画像を挿入したときは、その写真の補足説明も加えると良いですね！

注意

コメント機能は誰でも閲覧可能

コメント機能を使うと、生徒の提出物にコメントを付けて返却できます。ただし、Sec.50の「限定公開のコメント」とは異なり、生徒が返却済みのファイルをほかの生徒と共有した場合、そのコメントは閲覧できるので、個別支援に関わるフィードバックやメッセージを入力する際は注意しましょう。

② コメントバンクを利用する

💬 解説

コメントバンク

生徒に同じようなコメントを入力する場合は、そのコメントをコメントバンクに保存しておき、あとで使用することができます。まずは、よく使う言葉をコメントバンクに登録してみましょう。登録することで、候補が表示されるようになるので、クリックして選択します。

✏️ 補足

コメントバンクの編集と削除

登録したコメントはいつでも編集／削除ができます。手順 **5** の画面で登録したコメントの **⋮** をクリックして、編集や削除を行います。

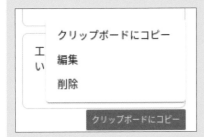

✏️ 補足

コメントバンクの検索

コメントバンクに登録したコメントが多くなった場合は、「コメントバンクに登録する」の手順 **1** の画面で 🔍 をクリックすることで、検索機能も利用できます。入力したキーワードが使われているコメントのみ表示されるしくみです。

コメントバンクに登録する

1 Sec.49を参考に「生徒の提出物」ページを開き、🏳 をクリックします。

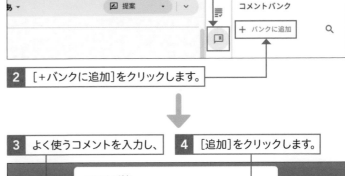

2 [＋バンクに追加]をクリックします。

3 よく使うコメントを入力し、　　**4** [追加]をクリックします。

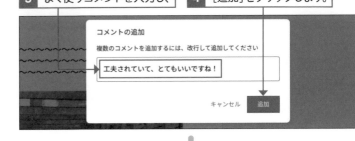

5 コメントが登録されます。

コメントバンクから入力する

1 130ページ手順 **1** 〜 **2** を参考にコメント入力画面を開き、半角で「#」を入力します。

2 登録したコメントが表示されるので、クリックして選択します。

採点の基本を知ろう

ここで学ぶこと

・採点機能
・採点できる課題の
　タイプ
・「採点」タブ

生徒からの提出物に対して、コメントによるフィードバックを行うのと同じぐらい便利な機能に採点があります。学習の理解や定着を確認する目的でテストを実施するケースも多いでしょうから、採点機能をマスターして成績管理をスムーズに行いましょう。

① 採点の基本を知る

📝 補足

採点とコメント

採点とコメントは併用することもできます。生徒の学習意欲を向上させることにつながるように工夫を図りましょう。

採点は、「生徒の提出物」ページ（126ページ参照）と「採点」タブから行うことができます。

「生徒の提出物」ページ

「採点」タブ

成績を入力すると、「採点」タブと「生徒の提出物」ページの間で同期されます。また、入力した結果は、提出物や成績のステータスが次のように色分けされます。

📝 補足

採点方法の使い分け

「生徒の提出物」ページからは個別の課題が確認しやすい動線になっています。一方で、「採点」タブは一覧性が高く、全体の採点や返却の状況がわかりやすくなっています。提出状況によって使い分けながら採点を進めましょう。

赤：未提出の課題（期限超過）
緑：提出済みの課題または仮成績
黒：返却済みの課題

② 「採点」タブを理解する

解説

「採点」タブ

「採点」タブは教師のみに表示されるページです。このページでは、採点簿の閲覧と更新を行うことができ、生徒の提出物を確認し、成績を入力して課題を返却することができます。教師が課題を返却すると、生徒は課題の詳細画面から点数を確認できるようになります。

1 ［採点］タブをクリックすると

2 配付した課題の成績を確認できます。

3 一覧から確認したい課題をクリックすると、

4 課題の提出状況や採点状況を確認できます。

補足

成績の読み込み

採点機能が利用できる課題のうち、「テスト付きの課題」だけ、採点された生徒の点数をクリック1つで反映（インポート）できる機能があらかじめ設定されています。詳しくは、Sec.56を参照してください。

「採点」タブの見方

クラスに参加している生徒のうち、採点が済んでいる生徒には得点が表示されて、総合成績なども示されています。

配点が設定されている課題には「○点満点」の表示があります。

採点機能を利用していない課題には「✓」のマークが付き、点数が表示されないようになっています。

Section

53 | 生徒の提出物に採点しよう

ここで学ぶこと

・提出物の採点
・配点の設定
・個別の課題

生徒に配付した課題の提出状況がわかったら、次に行うのは採点です。どこからでも採点を行うことができるので、すき間時間を見つけて、効率的に採点を行いましょう。

① 「ストリーム」タブから提出物を確認して採点する

📝 補足

配点の設定

各課題の配点は、課題を配付する際に設定することができます。Sec.40を参照してください。

1 74ページ手順 **1** ～ **2** を参考に「ストリーム」タブを開き、確認したい課題の通知をクリックします。

2 「提出済み」と表示されている生徒の課題をクリックします。

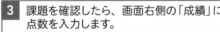

3 課題を確認したら、画面右側の「成績」に点数を入力します。

📝 補足

採点は下書きで保存される

Classroom 上では、手動の採点は下書き状態で保存されます。この状態では、まだ生徒への返却は行われていません。返却については、Sec.54を参照してください。

② 個別の課題を確認しながら採点する

📝補足

複数人の提出物も順次採点

生徒からの提出物が複数ある場合は、画面に表示された 〈 や 〉 をクリックすることで、該当の生徒の提出物を表示できます。

生徒から提出された課題を確認しながら、採点をすることもできます。

1 94ページ手順 **1** を参考に「授業」タブを開き、確認したい課題をクリックします。

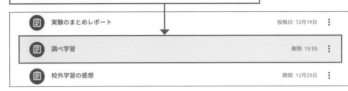

2 ［課題を確認する］をクリックします。

3 「提出済み」と表示されている生徒の課題をクリックします。

4 課題を確認したら、画面右側の「成績」に点数を入力します。

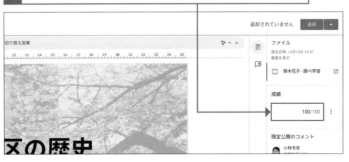

Section 54 | 生徒に提出物を返却しよう

ここで学ぶこと

・提出物の返却
・返却時の通知
・ドキュメントの課題の返却

採点が終わったら、提出物を返却しましょう。すばやく返却（フィードバック）することで、生徒の学びへの意欲を持続させることができます。

① 生徒に提出物を返却する

📝 補足

生徒の並び替え

課題の提出を確認する表示は、姓・名・提出のステータスなどで順序を並び替えることができます（127ページ側注ヒント参照）。

💡 ヒント

複数人まとめて返却する

複数人まとめて返却したい場合には、生徒名にチェックを入れて返却をクリックします。

💬 解説

返却時の通知

生徒に提出物を返却すると、通知が自動的に Gmail で届きます。

---

1 94ページ手順 **1** を参考に「授業」タブを開いたら、採点したい課題を選択し、[提出済み]をクリックします。

2 確認したい生徒の課題をクリックします。

3 課題を確認したら、点数（Sec.53参照）や限定公開のコメント（Sec.50参照）を入力し、[返却]→[返却]の順にクリックします。

4 返却が完了すると、「採点済み」に追加されます。

② Google ドキュメントで作成した課題を生徒に返却する

補足

生徒の提出物を確認して
返却する

ドキュメントやスプレッドシートなどで
課題を配付した場合には、生徒からの提
出物を確認しながら採点・返却を行うこ
とができます。

補足

複数人にまとめて返却する

ドキュメントやスライドなどのファイル
を添付して課題を配付した際には、135
ページ側注補足を参考に 〈 や 〉 をク
リックしながら生徒の提出物をチェック
して、複数人にまとめて返却することも
できます。

ヒント

Google ドキュメントの
編集モード

ドキュメントで配付した課題の場合は、
自由に書き換えることのできる「編集」、
修正案の候補を出す「提案」、閲覧のみで
きる「閲覧」の3つのモードを利用して返
却できます。

---

1 94ページ手順 **1** を参考に「授業」タブを開いたら、採点したい課題を選択し、[提出済み]をクリックします。

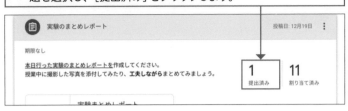

2 確認したい生徒の課題をクリックします。

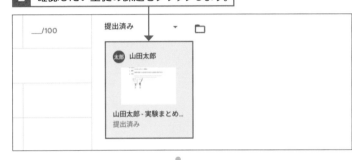

3 課題を確認したら、点数（Sec.53参照）や限定公開のコメント（Sec.50参照）を入力し、[返却]→[返却]の順にクリックします。

4 返却が完了すると、「採点済み」に追加されます。

Section

55 成績を計算しよう

ここで学ぶこと

・採点機能のオン／オフ
・合計点
・カテゴリ別加重

「採点」タブでは、クラスに所属している生徒の採点結果を一覧表示できます。さらに、「成績の計算」と「成績のカテゴリ」を設定することで、生徒ごとの合計点数が瞬時にわかるので、成績付けや評価の際により利用しやすくなります。

① 採点機能をオフにする

💬 解説

採点機能

採点方法は「合計点」か「カテゴリ別加重」のいずれかを選択できます。どちらの場合でも成績が自動的に計算されます。採点機能を使用しない場合は「総合成績なし」を選択します。このオプションを選択すると成績が計算されず、生徒は総合成績を確認できません。

✏️ 補足

成績の期間

成績は、クラスの期間を通して計算されます。新学期に採点を新たに開始する場合は、新しいクラスを作成する必要があります。

1 クラスを表示し、画面右上の ⚙ をクリックします。

⚙

2 「採点」の「成績の計算」で［総合成績なし］をクリックして選択し、

採点
成績の計算

総合成績を計算する
採点システムを選択してください。詳細

生徒に総合成績を表示する

| 総合成績なし ▲ |
| 総合成績なし |
| 合計点 |
| カテゴリ別加重 |

成績のカテゴリ
成績のカテゴリを追加

3 ［保存］をクリックします。

保存

生徒画面

生徒の画面には総合成績が表示されていません。

② 合計点で計算する

 ヒント

生徒に総合成績を表示する

教師画面で確認できる総合成績は、生徒にも表示できます。生徒のやる気を引き出したいときには、手順2の画面で「生徒に総合成績を表示する」をオンにするとよいでしょう。

生徒に総合成績を表示する	

里帆 吉田里帆	68.68%

すべて ▼
学習取組状況② 期限なし ✓

 注意

合計点の留意点

すでに採点済みの部分のみ、総合点数と獲得点数が反映されるしくみになっています。未採点だったり、未提出の課題があったりした場合には、総合点数の分母に反映されません。また、満点を超える設定も可能なため、総合成績が100%を超える場合もあります。

1 138ページ手順2の画面で[合計点]をクリックして選択し、

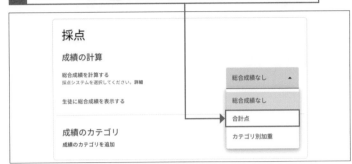

2 「生徒に総合成績を表示する」をオンにし、

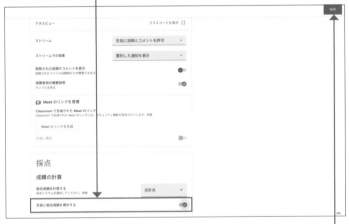

3 [保存]をクリックします。

生徒画面

総合成績は、生徒の得点の合計を満点の点数で割って算出されます。

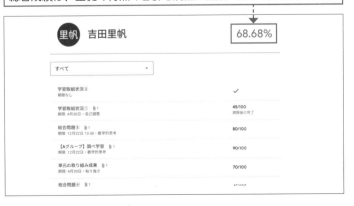

③ カテゴリ別加重を設定する

🗨 解説

カテゴリ別加重

生徒に配付した課題を、「小テスト」「確認テスト」「レポート」といった成績のカテゴリを利用して整理できます。たとえば、クラスに小テストの課題を3つ出題した場合は、これらの課題を「小テスト」のカテゴリに分類します。

✏ 補足

成績のカテゴリの削除

成績のカテゴリは削除できます。カテゴリを削除しても課題は削除されませんが、ほかのカテゴリを調整し、全体を100%に調整する必要があります。成績のカテゴリを削除するには、手順2の画面で✕をクリックします。

💡 ヒント

利用のメリット

すぐに解ける小テストと、時間をかけて書き上げたレポートを同じ10点で評価したくないときには、「カテゴリ別加重」を用いて傾斜配点することで、課題に重み付けすることができます。

1 138ページ手順2の画面で［カテゴリ別加重］をクリックして選択し、

2 「成績のカテゴリ」にある［成績のカテゴリを追加］をクリックします。

3 カテゴリごとに割合（%）を入力します。

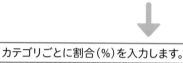
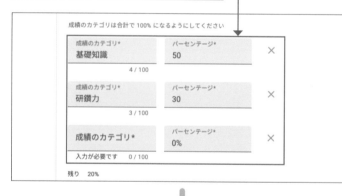

4 合計で100%になるようにカテゴリと割合を設定し、

5 「生徒に総合成績を表示する」をオンにして、

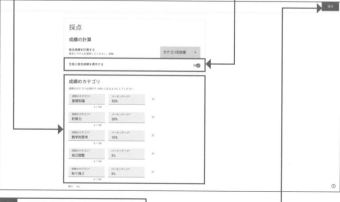

6 ［保存］をクリックします。

④ 成績のカテゴリを設定する

⚠ 注意

**個々の課題への成績の
カテゴリ設定**

「カテゴリ別加重」を選択した場合、個々の課題に対しても成績のカテゴリを割り振る必要があります。この割り振りを行わずに課題を配付しようとするとアラートが表示されます。すでに提出した課題に対して設定を行う場合には、課題の編集から設定が可能です。

1 100ページ手順**1**を参考に、「課題」の作成画面を開くと、右側の詳細設定のメニューに「成績のカテゴリ」項目が追加されます。

2 「成績のカテゴリ」のプルダウンメニューをクリックすると、140ページで設定したカテゴリが表示されるので、任意のカテゴリ（ここでは［基礎知識］）をクリックして選択し、

3 ［割り当て］をクリックします。

💡 ヒント　合計点とカテゴリ別加重の違い

同じ条件で「合計点」と「カテゴリ別加重」とで結果を比較をしたいと思います。条件は以下の通り、3回の小テストと1回の確認テストを行います。それぞれの配点と採点した結果は、以下の通りになります。

課題名	配点	採点結果	カテゴリ別加重
確認テスト日清戦争①	10	10	
確認テスト日清戦争②	30	20	小テスト50%
確認テスト日清戦争③	10	10	
確認テスト	100	90	確認テスト50%
合計	150	130	

「合計点」の場合

「合計点」表示の場合には、150点満点で130点を獲得しているので、総合成績86.67％の数字が表示されます。

「カテゴリ別加重」の場合

「カテゴリ別加重」を選択した場合には、小テストと確認テストのウエイト（加重）をそれぞれ50％に設定しましたので、小テストは50点中40点獲得できていて、確認テストが50点中45点取れていることになり、85％の達成率が総合成績として表示されます。

成績を読み込もう

ここで学ぶこと

・点数
・成績の読み込み
・Google フォーム

Classroom では、テスト付きの課題で自動採点した成績をワンクリックで読み込むことができます。フォームの便利な機能を Classroom にも取り込むことができるので、採点の効率化を促進します。

① テスト付きの課題の点数を確認する

✏ 補足

Google スプレッドシートへの書き出し

フォームでの回答結果はスプレッドシートに書き出すことができます。テスト付きの課題でも同様の機能を利用することができます。

1 手順**2**の画面で[スプレッドシートにリンク]をクリックします。

2 [新しいスプレッドシートを作成]（既に回答集約用のファイルを作成している場合は[既存のスプレッドシートを選択]）をクリックして選択し、

3 [作成]をクリックします。

4 スプレッドシートが作成されます。

1 94ページ手順**1**を参考に「授業」タブを開き、テスト付きの課題で配付した課題から添付のフォームを表示します。

2 [回答]をクリックします。

> 整数の性質・正負の数 □ ☆
>
> 質問　回答 **10**　設定

3 「概要」タブが表示され、分析情報を確認できます。

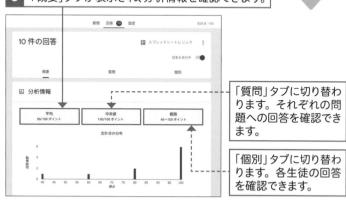

「質問」タブに切り替わります。それぞれの問題への回答を確認できます。

「個別」タブに切り替わります。各生徒の回答を確認できます。

「質問」タブ

「個別」タブ

② 成績の読み込みをする

解説

成績の読み込み

「成績の読み込み」を利用することで、テスト付きの課題で自動採点した成績をClassroomに読み込むことができます。成績の読み込みを行うと、「採点」タブ（手順 4 の画面）からも確認できるようになります。

補足

成績を読み込むときの条件

成績を読み込むときには、テストが以下の3つの条件を満たしている必要があります。

- 対象のテスト以外に課題に添付されている
- テストがない生徒の解答は1回に制限され、生徒は教師と同じドメインに所属している
- フォームで生徒のメールアドレスを収集している

注意

成績の返却

成績の読み込みでできることは、あくまでも採点への反映のみです。生徒への返却は、Sec.54を参考に実行してください。

1 94ページ手順 **1** を参考に「授業」タブを開き、テスト付きの課題で配付した課題を表示したら、[手順を表示]をクリックします。

2 [生徒の提出物]をクリックし、

3 [成績を読み込む]→[インポート]の順にクリックします。

4 自動的に点数が反映されます。

生徒画面

読み込んだ成績（点数）は生徒画面でも反映されます。

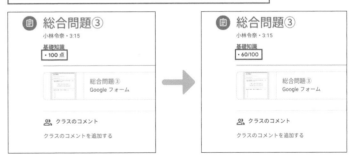

57 | ルーブリックを利用しよう

ここで学ぶこと

・ルーブリックの基本
・ルーブリックの設定
・ルーブリックの採点

記述式の課題を出すときには、ルーブリックの機能を利用することができます。課題のルーブリック（評価基準）を明確にすることで、教師は課題を評価・採点しやすく、生徒は課題に取り組みやすくなります。

① ルーブリックを理解する

💬 解説

ルーブリックのメリット

採点基準が明確になることによって、教師の採点が格段に楽になることです。また、最後の評価が明らかになっているということは、その手前の授業でどのようなことを生徒たちに身につけてほしいかが明確であると同義のため、授業の内容や手法を見直したり、改善したりすることにもつながります。

✏️ 補足

生徒にとってのルーブリック

生徒にも評価基準を事前に共有することで、生徒はどうすれば高評価が得られるかが明らかなため、取り組み内容が向上するといった効果があります。

ルーブリックとは、学習到達度を測るための評価方法の1つです。
よく使われるのは、左列に評価項目を配置し、それに対応する形で評価基準（レベル）や採点が書かれた表です。評価項目ごとに、どの程度の基準に達しているかによって、配分される点数がわかるようになっています。
一般的には、知識や技能を問う問題よりも、「思考・判断・表現」や「関心・意欲」などを評価する際に用いると便利だといわれています。
学校現場ではプレゼンテーションや発表の評価、レポートの採点などの場面でこうした指標を用いることは多いでしょう。民間企業では採用面接や上司や部下との面談などに利用しますし、スポーツでも体操やフィギュアスケートなど採点競技ではこの評価方法を採用しています。
Classroom では、生徒にレポートの課題を配付する際に、ルーブリックを設定します（145ページ参照）。

レポート提出のルーブリック例

項目	内容	5点	3点	1点
1. 提出期限	提出期限を守れているか	守れている	-	守れていない
2. 構成	わかりやすいよう秩序立てて構成できている	とてもわかりやすく論理的に秩序立てて構成できている	まずまず秩序立てて構成できている	構成の工夫が見られるが、秩序立ての配慮がほしい
3. 表現の工夫	表やグラフなどを用いて、わかりやすく伝えられている	表やグラフなどを用いて、効果的に内容を伝えられている	表やグラフなどを用いて、まあまあ内容を伝えられている	内容を伝える工夫は見られるが、表やグラフとの関連づけを意識したい

レポート提出のルーブルリックでは、提出期限のほか、構成や表現の工夫などを項目に加えます。

② ルーブリックを設定する

1 100ページを参考に課題を作成したら、[＋ルーブリック]を
クリックし、

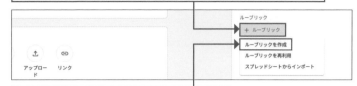

ヒント

ルーブリックを再利用する

一度作成したルーブリックは再利用する
ことができます。手順**2**の画面で[ルー
ブリックを再利用する]をクリックする
と、過去にクラスで作成したルーブリッ
クの一覧が表示されます。

2 [ルーブリックを作成]をクリックします。

3 「評価基準の名前」「評価基準の説明」「ポイント」を入力します。

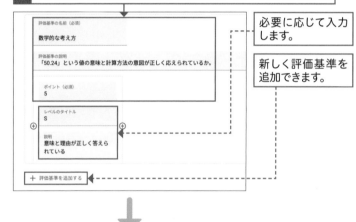

必要に応じて入力
します。

新しく評価基準を
追加できます。

4 必要な評価基準を入力し終えたら、[保存]をクリックします。

補足

ルーブリックのインポート

手順**2**の画面で[スプレッドシートから
インポート]をクリックすると、スプレ
ッドシートからインポートすることがで
きます。校内や学年などで統一した基準
を用いているときには、インポート機能
を活用しましょう。

5 手順**1**の画面に戻り、ルーブリックが設定されて
いることを確認できます。

③ ルーブリックの項目を作成する

ルーブリックの設定数

ルーブリックは最大で50個まで設定することができます。

1つのルーブリックを作成するには、「評価基準の名前」と「ポイント」が必須項目です。さらに、評価基準の説明、ポイントについてのレベルのタイトルと説明を付け加えることができます。

ルーブリックの設定を保存すると、課題の編集画面に戻ります。［割り当て］をクリックすることで、生徒への課題の配付が完了します。

生徒画面

94ページ手順 **1** を参考に「授業」タブを開くと、教師が設定したルーブリックが表示されます。

・採点前

評価基準のポイント

評価基準のポイント（＝得点）は整数で任意に指定することができます。このスコアが自動的に採点に反映されます。

・採点後

課題の配点とルーブリックの設定

課題の配点とルーブリックの合計点は必ずしも一致させる必要はありません。ただ、合計点を一緒の値で設定すると、ルーブリックの採点結果がそのまま課題の採点結果になります。一方、異なる値で設定した場合には、ルーブリックの項目の分母に応じて計算して採点されるしくみになっています。

④ ルーブリックの項目に採点する

💬 解説

ルーブリックの採点

生徒からの提出物をルーブリックに基づき採点します。設定した評価基準のポイントが自動で計算されます。

✏️ 補足

課題画面への反映

ルーブリックを設定して配付した課題の場合、手順 2 の画面で [手順] をクリックして「手順」画面を開くことでもルーブリックの設定数や合計ポイントを確認できます。

💬 解説

生徒画面での
ルーブリックの設定

ルーブリックの詳細設定は生徒画面にも反映されます。最初の画面では、評価基準、評価基準ごとの配点、合計点数だけが表示されていますが、評価基準の右側のプルダウンメニューを選ぶと、評価基準の説明や、レベルごとの採点基準なども確認することができます。

1 94ページ手順 **1** を参考に「授業」タブを開き、[提出済み]をクリックします。

2 確認したい生徒の課題をクリックします。

3 画面右側に設定したルーブリックの項目が表示されるので、課題を確認し、適した評価をクリックします。

4 ルーブリックを入力すると、自動的に点数が反映されます。

5 [返却]をクリックします。

Section

58 独自性レポートを利用しよう

ここで学ぶこと

- 独自性レポート
- 独自性レポートの設定
- 独自性レポートの結果

Classroom の中で、もっとも Google らしい機能として、「独自性レポート」があります。独自性レポートでは、検索技術を生かして、生徒のレポートに引用の不備がないかをすばやくチェックすることが可能です。

1 独自性レポートを設定する

解説

独自性レポート

独自性レポートとは、Google 検索の機能を活用し、生徒の提出物に盗用の可能性がないかどうか、「オリジナリティ」をかんたんに確認できる機能です。従来は、生徒が提出したレポートの中にコピペがないか、怪しい部分を一つひとつ確認する必要がありましたが、課題を配付する前に独自性レポートをワンクリックするだけで、自動的に報告対象の文献をまとめてくれるので、教師の事務作業の負担を大きく軽減します。

ヒント

独自性レポートの利用回数

独自性レポートは、Google Workspace for Education の無償版では、クラスごとに5回までの利用回数に制限があります。Teaching and Learning Upgrade または Education Plus の有償ライセンスであれば無制限で利用することができます。

1 100ページを参考に課題を作成します。

2 ドキュメントのファイルを添付し、

3 「編集権限」で［各生徒にコピーを作成］をクリックして選択します。

4 必要に応じて「点数」や「期限」を設定し、

5 ［盗用（独自性）を確認する］をクリックしてチェックを入れ、

6 ［割り当て］をクリックします。

② 独自性レポートの結果を確認する

組織での設定

独自性レポートは組織全体での設定も可能です。デフォルトではオフになっていますが、管理者設定から組織全体でオンにすることもできます。

独自性レポートの期間

独自性レポートの結果の閲覧期間は45日間です。

ほかの生徒の提出物との比較

ほかの生徒の提出物との比較は、以下の条件を満たしている必要があります。

- 管理者が校内での一致（ほかの生徒の提出物との比較）を有効にしている
- 課題の独自性レポートが有効になっている
- ファイル形式がサポートされている

1 94ページ手順 **1** を参考に「授業」タブを開き、［提出済み］をクリックします。

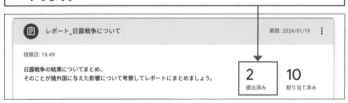

2 確認したい生徒の課題をクリックします。

3 盗用の可能性がある記載があった場合、画面右側に［フラグ済みの文章：○件］と表示されるので、クリックします。

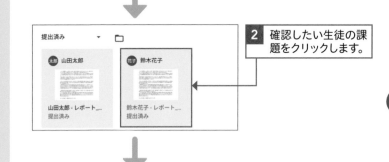

4 画面右側に「カウント」と「%」のタブが表示されます。［カウント］をクリックすると、他生徒の過去の提出物との照合結果と、インターネット上に一致する文献の件数を確認できます。

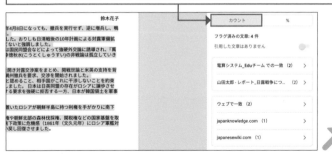

独自性レポートを利用しよう

7 課題の採点やフィードバックをしよう

解説

独自性レポートを利用した指導

レポート作成時に、参考にしたい文献や資料、データなどがある場合には、どこまでが自分の考えで、どこからどこまでを引用したのかを明らかにし、その出どころを明らかにする必要があります。他人の意見や資料を無断で使うのは、著作権侵害にあたり、違法行為です。こうした著作権に関わる指導を行ったうえでも判断があいまいになってしまいがちですが、「自分の考え」と「他人の考え」の境界線にしっかりと線引きしてくれるのが「独自性レポート」機能です。

補足

生徒もセルフチェックする

教師側だけでなく、生徒側も利用できるのが、この独自性レポートの特徴です。生徒はレポートを作成し終えて、正しい引用ができているか、盗用の可能性がないかをセルフチェックすることができます。この機能は1つの課題に対して3回まで使うことができるので、レポートのオリジナリティを担保できます。

---

5 149ページ手順 **4** の画面で［ウェブで一致］をクリックし、任意の項目をクリックすると、Webから盗用されている箇所が黄色いハイライトで表示され、対象のURLを確認できます。

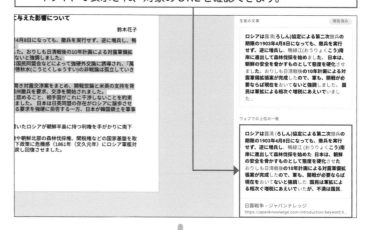

6 ［％］をクリックすると、報告された文献に対し、何％の盗用の可能性があるのか確認できます。

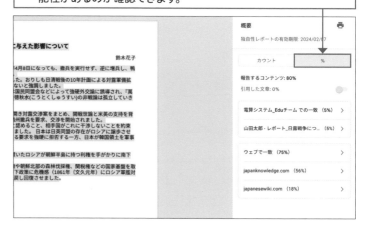

生徒画面

独自性レポート機能がオンになっていると、生徒側にも「独自性レポート　実行」という項目が表示されます。

第 **8** 章

Google Classroom で オンライン授業を行おう

Section

59 | Google Meet の リンクをつくろう

ここで学ぶこと

・リンクの生成方法
・リンクの表示

Classroom と連携した Meet を活用することで、クラスに所属している生徒とすぐにオンライン授業を始めることができるようになります。ここでは、リンクの生成方法について詳しく解説します。

① Google Meet のリンクを生成する

✏️ 補足

Google Meet の設定

Classroom と連携した Meet の設定ができるのは、「教師」として所属しているユーザーのみです。

💬 解説

生徒画面の表示

Meet のリンクを生成し、生徒への表示が有効になっている場合、生徒画面でも教師画面と同じ位置にリンクが表示されるようになっています。

1 教師の「ストリーム」タブ左側に表示されている「Meet」の [リンクを生成] をクリックします。

2 「Meet のリンクを管理」画面が表示されます。[保存] をクリックすると、生徒画面に Meet が表示されます。

② クラスの設定から Google Meet のリンクを生成する

✦ 応用技

スマホアプリから Google Meet のリンクを生成する

スマートフォン版アプリから Meet のリンクを生成する場合は、設定アイコンからのみ可能です。なお、スマートフォン版アプリから設定した内容は、ブラウザ版へも反映されます。

● Android アプリの例

1 「ストリーム」タブ右上の ⚙ をタップします。

2 「クラスの設定」画面が表示されます。リンクが未生成の場合は、「全般」内の「Meet の動画のリンク：なし」の ⋮ をタップして生成します。

1 画面右上の ⚙ をクリックします。

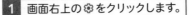

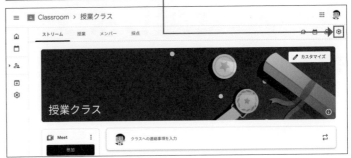

2 設定項目の「全般」にある [Meet のリンクを生成] をクリックすると、

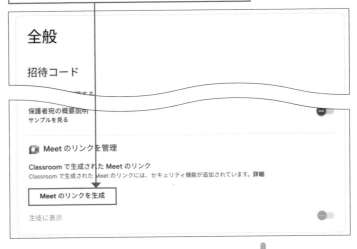

3 リンクが生成されます。

4 リンクが生成されたら、画面右上の [保存] をクリックします。

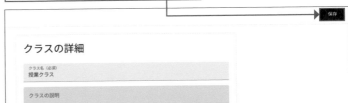

60 | Google Meet のリンクを管理しよう

ここで学ぶこと

・リンクのコピー
・リンクのリセット／削除
・リンクの非表示

Meet のリンクを管理することで、Meet へのスムーズなアクセスが可能になり、必要なタイミングで活用できます。なお、リンクのコピー／リセット／削除は「クラスの設定」画面（153ページ参照）からも可能です。

① Google Meet のリンクを管理する

💬 解説

コピー／リセット／削除

クラスで生成されたリンクは、3つの管理方法があります。

●コピー
リンクをコピーして、課題・質問・メッセージに貼り付けることができます。
●リセット
リンクをリセットして新しくリンクを生成できます。もとのリンクは、クラスに関連付けられていない状態となります。
●削除
リンクを削除できます。削除した場合、生徒はそのリンクにアクセスできなくなります。

💡 ヒント

リンクのコピー

リンクをコピーすることで、ストリームやチャット、サイトなどに貼り付けて、参加者へ共有できます。

1 画面左側の「Meet」の ⋮ をクリックし、

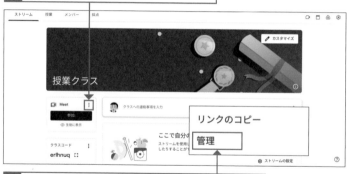

リンクのコピー

管理

2 表示されたメニューから[管理]をクリックします。

3 リンク右の ▼ をクリックします。

📹 **Meet のリンクを管理**

Classroom で生成された Meet のリンク
Classroom で生成された Meet のリンクには、セキュリティ機能が追加されています。詳細

https://meet.google.com/zyy-qzys-jmt ▼

生徒に表示

コピー
リセット
削除

4 表示されたメニューから「コピー」「リセット」「削除」のいずれかを選択できます。

② Google Meet のリンクをリセットする

 解説

会議コード

Meet リンクの末尾に表示される10文字の英字、〇〇〇 - 〇〇〇〇 - 〇〇〇は「会議コード」といい、このコードを招待するユーザーに共有して会議に参加してもらうことも可能です。Meet リンクのリセットを行うと、この会議コードが変更されます。

> https://meet.google.com/zyy-qzys-jmt ▼

1 154ページ手順 **4** の画面で[リセット]をクリックします。

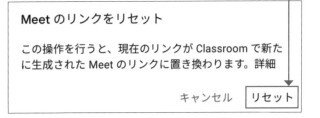

🎥 **Meet のリンクを管理**

Classroom で生成された Meet のリンク
Classroom で生成された Meet のリンクには、セキュリティ機能が追加されています。詳細

https://meet.google.com/zyy-qzys-jmt ▼

生徒に表示

　コピー
　リセット
　削除

2 表示される画面を確認し、[リセット]をクリックすると、Meet のリンクがリセットされます。

Meet のリンクをリセット

この操作を行うと、現在のリンクが Classroom で新たに生成された Meet のリンクに置き換わります。詳細

キャンセル　リセット

 **補足**

リンクの削除

リンクの削除の手順は、リンクのリセットと同様です。ただし、削除をした場合、新たにリンクを生成する必要があります。リンクの生成について詳しくは、Sec.59を参照してください。

③ Google Meet のリンクを非表示にする

 解説

削除と非表示

「生徒に表示」をオフにすると、生徒側では非表示となります。ただし、リンクが削除されるわけではないため、新たにリンクを生成する必要はありません。

1 154ページ手順 **1** ～ **2** を参考に「Meet のリンクを管理」画面を表示したら、「生徒に表示」の ● をクリックしてオフにし、

🎥 **Meet のリンクを管理**

Classroom で生成された Meet のリンク
Classroom で生成された Meet のリンクには、セキュリティ機能が追加されています。詳細

https://meet.google.com/zyy-qzys-jmt ▼

生徒に表示　　　　　　　　　　　　　　●

完了

2 [完了]をクリックします。

Section 61 | Google Meet で授業しよう

ここで学ぶこと

・入退室の方法
・参加者の確認

Meet を活用することで、場所を問わずオンライン授業を行うことができます。入退室の操作方法や参加者の確認方法だけではなく、端末の接続状況などを事前に確認することで、スムーズに進行することができるようになります。

1 Google Meet に入室する

📝 **補足**

リンクから参加する

教師が Meet のリンクを「ストリーム」などに共有していた場合は、そのリンクから参加することもできます。

1 画面左側の「Meet」の［参加］をクリックします。

2 Meet が起動します。［今すぐ参加］をクリックすると入室できます。

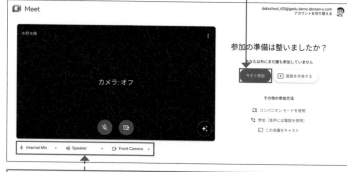

マイク・スピーカー・カメラの接続機器を確認できます。

💬 **解説** **生徒の入室待機**

Classroom の Meet は、生徒だけでは開始することができません。教師が入室するまで、生徒は右図のような画面で待機状態になります。

② Google Meet の参加者を確認する

ヒント

ユーザーを招待する

手順 ❷ の画面で右上の［ユーザーを追加］をクリックすると、クラスに所属していないユーザーも会議に招待することができます。招待したいユーザーの名前かメールアドレスを入力し、［メールを送信］をクリックすると、招待通知をメールで知らせることができます。

1 画面右下の 👥 をクリックします。

2 「ユーザー」画面が表示され、「協力者」一覧から参加者を確認することができます。

③ Google Meet から退室する

解説

生徒の退室

右の手順は会議の主催者（教師）の退室方法です。生徒は 👥 をクリックして退室しますが、「終了せずに自分だけ退出」「通話を終了して全員を退出させる」を選択する画面は表示されません。

1 ☎ をクリックし、

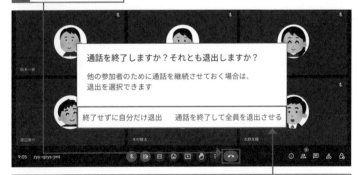

2 ［終了せずに自分だけ退出］もしくは［通話を終了して全員を退出させる］のどちらかをクリックして選択し、退室します。

補足

生徒のみでの利用を制限する

生徒のみの利用を制限させたい場合は、教師が退室する際に、「通話を終了して全員を退出させる」を選択することで、Meet 自体を終了させることができます。

ヒント　終了せず自分だけ退室

手順 ❷ の画面で［終了せずに自分だけ退出］をクリックすると、参加者が生徒だけになります。入室時は生徒のみでは参加できませんが、教師が退室後、生徒のみで Meet を継続して利用することは可能です。

Section 62

Google Meet で 画面を共有しよう

ここで学ぶこと

・画面の共有方法
・コンパニオンモード
・ペン機能

画面共有には、Chrome で開いているタブ単体を共有する「Chrome タブ」、共有時起動している特定のウィンドウを共有する「ウィンドウ」、デスクトップすべてを共有する「画面全体」の3つの方法があります。

① 3つの画面共有方法

💡 ヒント

画面共有の切り替え

● **Chromeタブ**

切り替えたいタブを選択し、画面上部に表示される[代わりにこのタブを共有]をクリックすると切り替わります。

● **ウィンドウ**

画面共有を停止してから、再度共有アイコンからウィンドウを選択して切り替えます。画面共有中に 🔲 →[画面共有を停止]の順にクリックすると画面共有が停止されます。

● **画面全体**

デスクトップ上のファイルなどを切り替えると、画面共有も同時に切り替わります。

---

1 画面下部の 🔲 をクリックします。

2 共有方法の選択画面が表示されたら「Chrome タブ」「ウィンドウ」「画面全体」の中から選択します。ここでは[Chrome タブ]をクリックします。

3 共有したいファイルをクリックして選択し、

4 画面右下の[共有]をクリックします。

② コンパニオンモードで画面を共有する

💬 解説

コンパニオンモード

コンパニオンモードとは、マイク・スピーカー機能が無効となる画面共有専用の参加方法です。

✏️ 補足

画面を共有する

手順**1**の画面で、[画面を共有する]をクリックすることでも、コンパニオンモードで入室することができます。

1 156ページ手順**2**の画面で[コンパニオンモードを使用]をクリックします。

2 158ページを参考に、共有したいファイルを選択して共有します。

✦ 応用技　コンパニオンモードの活用例

オンライン会議を実施する際、会議室とリモートが混在する場合があります。たとえば、同じ会議室に数名、リモート数名でオンライン会議に参加しようとすると、会議室側の複数のマイクとスピーカーが干渉してハウリングを起こしてしまうことがあります。これを防ぐために、会議室側は1つのマイク・スピーカーなど共有して参加するケースがあります。この環境に加えて、会議室からの参加者がコンパニオンモードで参加すると、ハウリングを起こすことなく、チャットのメッセージやリアクションを投稿することができるようになり、より活発な会議を実施することができるようになります。

✏️ 補足　ペン機能の活用

Chrome タブで共有したスライドで、ペン機能を有効にすることができます。この機能を活用することで、記載内容に対して強調や注釈などを追記することが可能になります。

Google Meet で
インタラクティブに授業をしよう

ここで学ぶこと

・挙手機能
・絵文字機能
・チャット機能

挙手・リアクション・チャットの各機能を活用していくことで、オンライン授業が活性化されます。生徒からの反応を適切なタイミングで確認したり、意見を交換する場を設けたりすることで、学びを深めることができます。

① 挙手機能で生徒の状況を確認する

💡ヒント

挙手しながらの発言

挙手している状態でマイクをオンにして一定時間発言すると、自動で手が下がるようになっています。発言後も挙手した状態にする場合は、［挙手したままにする］をクリックします。

💬解説

手を下げる

自分自身の手を下げる場合は、再度🖐をクリックします。また、会議の主催者は、ほかのユーザーの手を個別もしくは一斉に下げることも可能です。全員の手を下げるには、手順2の画面で［全員の手を下げる］をクリックします。

1　🖐をクリックします。

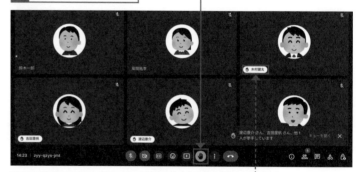

クリックしたユーザーは氏名の枠が白く表示されます。

2　🧑をクリックすると、挙手をしているユーザーを確認することができます。

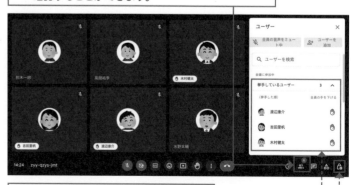

挙手をした順にユーザーが表示されます。

「主催者向けの管理機能」をオンにするとリアクションやチャットなど参加者が行える機能を制限できます。

② 絵文字でリアクションする

ヒント

顔の色を変更する

絵文字の顔の色は6色から選択できます。好きな色を選択してみましょう。

ヒント

絵文字のバルーン

複数の参加者が同じリアクションを送信すると、絵文字がバルーンにまとめられます。バルーンは絵文字が追加されるごとに揺れて大きくなり、一定数に達すると、バルーンが割れます。

1 ☺ をクリックし、

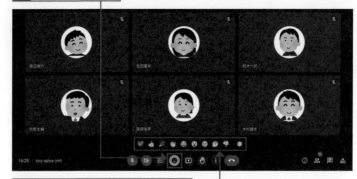

2 任意の絵文字をクリックします。

3 画面左下から上に向かってアイコンが表示されます。

③ チャットで意見や感想をアウトプットする

補足

メッセージの送信

手順 **2** の画面で、「メッセージの送信を全員に許可」をオフにすると、主催者以外はチャットを利用できなくなります。

ヒント

個別でチャットしたい場合

チャット内容は全員に公開されるため、個別でチャットしたい場合は Google チャットなど別アプリで行いましょう。

1 ☐ をクリックし、

2 「メッセージを送信」欄にテキストを入力したら、▷ をクリックして送信します。

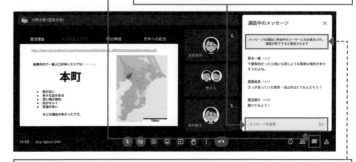

途中から参加したユーザーは参加前に投稿されたチャット内容を確認できないため注意してください。

Section 64 | 有償機能で便利に Google Meet で授業をしよう

ここで学ぶこと

- 有償エディション
- 録画・アンケート
- ブレイクアウト
  セッション

無償版の Google Workspace for Education Fundamentals でもたくさんの機能が使える Classroom ですが、有償エディションを利用することでより多くの機能が追加され、オンライン授業をより効果的に設計することができます。

① Google Classroom で活用できる有償エディション

エディション	特徴
Google Workspace for Education Plus	高度なセキュリティツールと分析ツール、充実した教育・学習向けの機能などを含む包括的なソリューション
Teaching and Learning Upgrade	豊かなコミュニケーションと学びの体験を育み、学問的誠実性を促す高度な教育用ツール

Google Workspace for Education の有償エディションを利用するには、電算システムを始めとした Google for Education の認定パートナーに依頼する必要があります。有償エディションの無料トライアル開始の方法について164ページで紹介しているので参照してください。

② 録画機能を利用する

解説

Google Classroom から Google Meet に入る場合

Classroom の Meet から録画を使う場合は、そのクラスの教師が会議の主催者になります。録画機能を含む有償版を利用するためには、主催者アカウントが有償エディションを利用している必要があります。

ヒント

録画機能の活用例

オンライン授業の様子を録画しておくことで、授業の振り返りや、欠席者へのフォローなどに役立てることができます。

1　∶をクリックし、

2　[録画を管理する]→[録画を開始]の順にクリックします。

字幕・文字起こし（英語のみ）を行いたい場合は言語を設定します。

3　確認画面が表示されるので、参加者に録画の了承を取ったうえで、[開始]をクリックします。

5 [録画を停止]をクリックします。

補足

録画データの所在

録画されたデータは、主催者アカウントのマイドライブ内に「Meet Recordings」というフォルダが作成され、その中に格納されます。

③ アンケート・Q&Aを利用する

ヒント

アンケート・Q&Aの活用例

すばやく、かんたんに質問を投げかけ、それに対し生徒もかんたんに意思表示ができるので、授業の前のアイスブレイク(氷を解かすという意味から場を和ませるような雑談やかんたんなゲームなどのことを指します。コミュニケーションを円滑にしたり、積極性を促したりする効果が期待できます)に利用したり、説明した内容に対しすばやくフィードバックを集めたりといった使い方ができます。

補足

表示方法について

アンケート結果は、生徒に表示させることも教師だけが見れるようにすることも、どちらの設定も可能です。また、匿名回答もできるため、設問内容に合った形式で設定できます。

応用技

アンケート結果の活用

ここで集められたアンケート結果、Q&A、生徒の出席データは自動でスプレッドシートで集計され、メールに通知が届きます。このデータを、授業の振り返りや出席確認などに活用できます。

1 🔲をクリックし、 2 ここでは[アンケート]→[アンケートを開始]の順にクリックします。

「Q&A」を設定できます。

3 アンケートの設問を設定し、

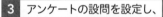

4 [公開]をクリックすると生徒に公開されます。

5 回答されると、結果をすぐに確認できます。

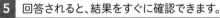

アンケートを削除できます。 アンケートを締め切ることができます。

163

④ ブレイクアウトルームでセッションを行う

💬 解説

ブレイクアウトルーム

ブレイクアウトルームとは、参加者を少人数のグループに分けてミーティングを行える機能です。1回の Meet で最大100個のブレイクアウトルームを作成できます。オンライン授業では、生徒が授業を聞くだけの受け身になってしまったり、生徒の理解度を確認できないまま授業を進めてしまったりといったケースが多くあります。双方向のコミュニケーションを実現するために効果的です。

✏️ 補足

セッション中の生徒

生徒はブレイクアウトルーム内の生徒とのみ会話できます。チャットのほか、必要に応じて教師にサポートをリクエストすることが可能です。サポートをリクエストされると、教師画面には「サポートをリクエストしました」というバナーが表示されます。

✨ 応用技

参加メンバーを事前に設定する

カレンダーで事前に予定を作成することで、メンバーを事前に設定することもできます。

1 をクリックし、

2 ［ブレイクアウトルーム］→［ブレイクアウトルームを設定］の順にクリックします。

3 会議室数、メンバー、セッションの時間を設定し、

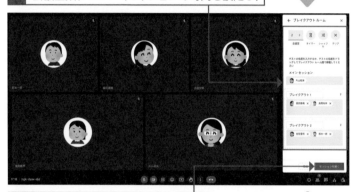

4 ［セッションを開く］をクリックします。

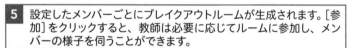

5 設定したメンバーごとにブレイクアウトルームが生成されます。［参加］をクリックすると、教師は必要に応じてルームに参加し、メンバーの様子を伺うことができます。

💡 ヒント　有償エディションの無料トライアルのお申し込み

Google Workspaces for Education のすべての機能を無料で試すことができます。詳しくは、以下のアドレスへ問い合わせください。

お問い合わせ先	gfe_sales@densan-s.co.jp

※国内限定となります。

※お申し込み後3営業日以内に、担当者から電話またはメールでご連絡いたします。

※同一環境へは一度のみのトライアルとなります。

第 **9** 章

Google Classroom を
もっと便利に使おう

Section 65 | 保護者との連絡手段として使おう

ここで学ぶこと

・保護者のアカウント
・保護者の招待方法
・概要説明メール

生徒が所属しているクラスに保護者を招待することで、教師からの一斉メールや生徒の学習状況などが記載されたメールの自動送信など、保護者に対して効率的に情報を発信することができます。

1 生徒が所属しているクラスに保護者を招待する

💬 解説

保護者のアカウント

生徒1人あたり、最大20名の保護者を招待できます。Google アカウント以外のメールアドレスも招待可能です。ただし、保護者を招待できるクラスは、Google Workspace for Education アカウントで作成されたクラスのみです。

💬 解説

概要説明メール

クラスのアクティビティを保護者にも共有したい場合は、「メールによる保護者宛の概要説明」にクラスを追加する必要があります。保護者を招待する際に、以下の画面が表示されるので、[クラスを追加]をクリックします。

> メールによる保護者宛の概要説明にクラスを追加しますか？
>
> 生徒の課題やクラスのお知らせに関する概要が保護者に送信されます。
> サンプルを見る
>
> ☑ メールによる保護者宛の概要説明にすべての担当クラスを追加する
>
> スキップ　　[クラスを追加]

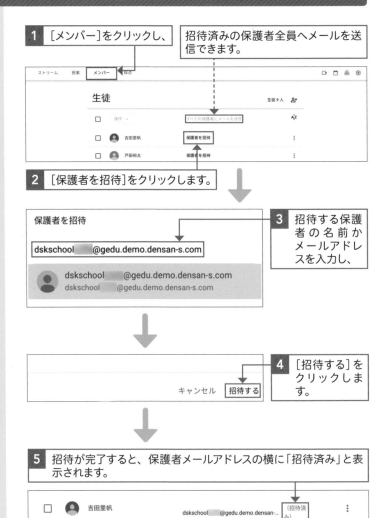

1 [メンバー]をクリックし、

招待済みの保護者全員へメールを送信できます。

2 [保護者を招待]をクリックします。

3 招待する保護者の名前かメールアドレスを入力し、

4 [招待する]をクリックします。

5 招待が完了すると、保護者メールアドレスの横に「招待済み」と表示されます。

② 保護者側で招待メールを受け取り、招待を承諾する

💬 解説

概要説明の内容

概要説明メールでは、以下の生徒の情報を確認できます。

● **未提出の課題**
概要説明メールが送信された時点で未提出の課題

● **提出期限の近い課題**
概要説明メールを毎日受け取る場合は、当日か翌日が提出期限の課題。週に1度受け取る場合は、翌週が提出期限の課題

● **クラス活動**
教師が投稿したお知らせや課題

ただし、報告する活動がない場合は概要説明メールが届かないことがあります。

✏️ 補足

概要説明メールの頻度

概要説明メールの頻度は、「毎週」と設定すると毎週金曜日の午後に、「毎日」と設定するとその日の午後に、保護者にメールが送信されます。なお、設定にはGoogle アカウントが必要です。

---

1 招待された保護者へはメールで通知されるので、[招待を承諾]をクリックします。

誤って招待が届いた場合、クリックします。

2 概要説明メールが設定されている場合は、受け取りの確認画面が表示されるので[承諾]をクリックします。

3 概要説明を受け取る「頻度」「タイムゾーン」を設定したら、画面を閉じて設定完了です。

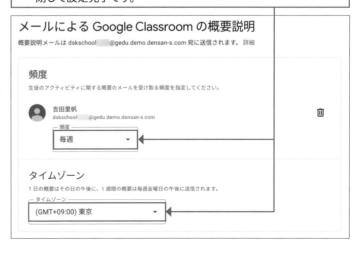

66 | Google カレンダーを活用しよう

ここで学ぶこと

- Google カレンダー
- 予定の確認
- 予定の作成

クラスと連携したカレンダーを活用することで、課題提出期限だけではなく授業に関するすべての情報を集約することができます。それにより、情報伝達の漏れを防ぎ、HR活動や授業をスムーズに進行することができるようになります。

① クラスの Google カレンダーを確認する

💬 解説

クラスの Google カレンダー の生成

クラスと連携したカレンダーは、クラスを作成すると自動で生成されます。また、クラスを完全に削除するとカレンダーも削除されます。ただし、クラスがアーカイブ状態の場合、カレンダーは残ります。

💡 ヒント

初期設定

カレンダーに初めてアクセスした場合、言語の表記やタイムゾーンが海外の設定になっている場合があります。その場合は、カレンダー画面右上の ⚙ から変更しましょう。

1 クラスに入室し、画面右上の 🗓 をクリックします。

2 カレンダーが開き、所属しているクラスの課題期限の確認や、予定の設定ができます。

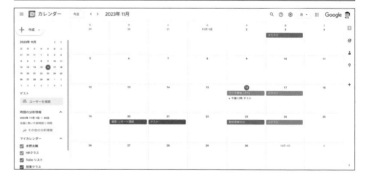

✏️ 補足　配信課題の期限を確認

Classroom のトップ画面左側にあるメニューから［カレンダー］をクリックすると、「すべてのクラス」もしくは「特定のクラス」で配信された課題の期限を確認することができます。なお、ここで反映される内容は、「期限付きの課題」のみになります。

② クラスの Google カレンダーに予定を追加する

1 168ページを参考にカレンダーを開いたら、[作成]をクリックし、

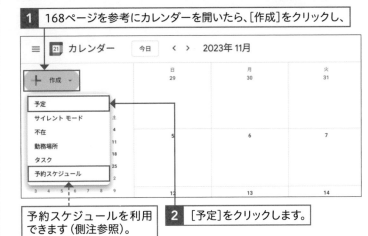

予約スケジュールを利用できます（側注参照）。

2 [予定]をクリックします。

3 設定画面が表示されるので、予定のタイトルや時間などを設定し、

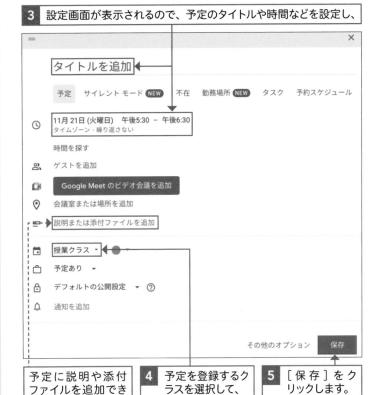

予定に説明や添付ファイルを追加できます。

4 予定を登録するクラスを選択して、

5 [保存]をクリックします。

応用技

予約スケジュール

予約スケジュールとは、予定作成者が予約用のページを作成できる機能です。たとえば、生徒との面談で活用する場合、面談や休憩時間・一日の面談実施回数といった細かい設定も可能です。面談時に確認したい事項を事前に質問項目として設定したり、作成したページのURLをクラスから配信して共有したりすることもできます。

注意

予定の反映

保存する前に、予定を追加するクラスを必ず確認しましょう。選択したクラスに誤りがあると、生徒側へ反映されないので注意してください。

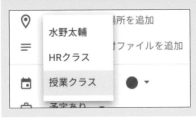

Section

67 演習セットを使おう

ここで学ぶこと

・問題の作成
・解答の作成
・演習セットの管理

演習セットは、ほかの Google アプリを活用することなく、Classroom だけで問題の作成・解答・採点に取り組むことができる機能です（対象エディション：Teaching and Learning Upgrade ／ Google Workspace for Education Plus）。

① 演習セットで問題と解答を作成する

💡 ヒント

解答形式

解答形式は、「記述式」「段落」「単一選択」「複数選択」から選択します。そのうち、「記述式」「単一選択」「複数選択」は自動採点が可能な解答形式のため、事前に解答の登録が必要です。

💡 ヒント

同等の解答

「x+y」「y+x」などの解答をどちらも正解としたい場合は、手順**1**の画面で ⚙ をクリックして、「同等の解答を許可する」のチェックボックスをクリックしてチェックを入れ、[保存]をクリックします。

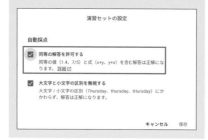

あらかじめ、Classroom から「演習セット」を開いておきます。

1 問題と解答を設定します。 | 数式エディタが起動し、任意の数式を作成できます。

2 「スキル」に出題単元名を入力すると、解法ヒントの動画などを添付することができます。

3 演習セットの作成が完了したら、[編集を終了]をクリックします。

② 配付された問題に取り組む

💬 解説

ヒントを参照する

「スキル」を設定している問題では、生徒が誤った回答をした場合、電球アイコンが点灯します。💡 をクリックすると、教師が設定した解法ヒントの動画などを参照できます。

メモ画面が表示され、途中計算などを入力できます。

1 解答の入力をして、

2 [確認]をクリックすると、自動採点が行われます。

キーボード・マウス・スタイラスペンなどで入力できます。キーボード以外で入力した文字認識は右上に表示されます。

3 すべての問題を終えたら[提出]をクリックします。全問正解すると紙吹雪が舞います。

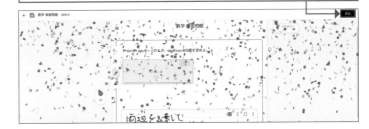

③ 提出された解答を確認する

💡 ヒント

チェックカラーの濃淡

正解した問題には緑のチェックアイコンが表示されます。淡い緑色で表示されている問題は複数回目で正解した問題です。

💬 解説

成績の入力方法

演習セットでは、各問題に配点を設定できないため、解答状況などを見て、手動で成績を入力します。

クラス全体や個々の生徒が正しく答えられなかった箇所など、概要レベルの分析情報が表示されます。

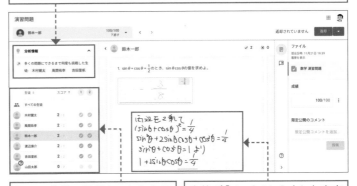

個々の生徒の演習セットを表示させ、取り組み状況を確認することができます。

生徒が「ノート」に入力した内容を確認することができます。

Section

68 | 高度な採点機能を 使おう

ここで学ぶこと

・高度な採点機能
・採点期間の設定
・評価尺度の設定

課題の成績データをより詳細に管理でき、学期ごとの集計や、各生徒の成績に尺度を設定することで、きめ細やかな指導を実現できます（対象エディション：Teaching and Learning Upgrade ／ Google Workspace for Education Plus）。

① 採点期間を設定する

📝 補足

採点期間の追加

手順 2 の画面で [採点期間を追加] をクリックすると、複数の採点期間を設定することができます。ただし、期間を重複して設定することはできません。

📝 補足

既存の課題に適用する

配付済みの課題に対して、設定した採点期間で集計を希望される場合は、手順 2 の画面で「既存の課題に適用する」をオンにすることで適用されます。

💬 解説

採点期間への追加のしくみ

集計される課題は、提出期限に基づいて採点期間に追加されます。ただし、期限が設定されていない課題については公開日に基づいて期間に追加されます。

1 55 ページを参考に「クラスの設定」画面を開いて、「採点」の [採点期間を追加] をクリックします。

2 採点期間の名前・開始日・終了日を設定します。

設定した採点期間をほかのクラスにコピーできます。

3 [保存]をクリックします。

② 評価尺度を設定する

評価尺度の種類

評価尺度を追加する場合、以下の4つから選択します。

- 習熟度
- レターグレード
- 4段階評価
- 評価尺度を作成

それぞれの評価尺度は、環境に合わせて編集することも可能です。

1 55ページを参考に「クラスの設定」画面を開いて、「評価尺度」の［追加］をクリックしたら、

2 利用する尺度（ここでは［4段階評価］）をクリックして選択します。

評価尺度のレベル

評価尺度は、点数で評価された課題について、得点率の範囲（最小の割合～最大の割合）を設定し、各範囲ごとに評価尺度のレベルを設定することができます。

3 「レベル」「最小の割合」を設定し、

4 ［保存］をクリックします。

設定した評価尺度をほかのクラスにコピーできます。

③ 高度な採点機能を有効にした採点画面

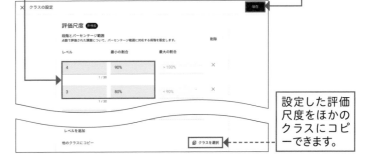

評価尺度を設定すると、「採点」タブの成績にレベルが表示されます。

授業フィルタ

「授業フィルタ」から、設定した採点期間ごとの平均得点率を表示させることもできます。

設定した採点期間の成績のみを表示させることも可能です（側注参照）。

Section

69 | YouTube の動画に質問を 追加しよう

ここで学ぶこと

・YouTube 動画へ
　の質問の追加
・質問の追加方法

YouTube の動画に質問を追加し、課題として配付できます。効率的な知識・技能の習得だけではなく、反転学習などにも応用可能です（対象エディション：Teaching and Learning Upgrade ／ Google Workspace for Education Plus）。

① YouTube の動画に質問が追加された課題とは

解説

アクティビティタスク

YouTube 視聴開始画面の「アクティビティタスク」には、問題数や動画時間が表示されます。生徒はその情報から課題の全体像を把握することができます。

YouTube の動画に質問が追加された課題では、YouTube 動画を視聴しながら教師が作成した質問に取り組むことができます。複数の解答形式があり、解答の結果を確認しながら視聴します。

動画を視聴しながら出題された質問に解答します。

動画を続けるにはクリックします。

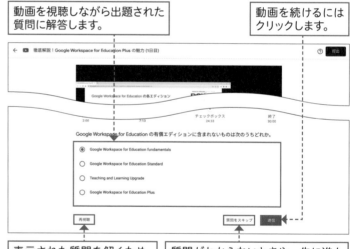

表示された質問を解くため、開始もしくは前回の質問まで遡って視聴できます。

質問がわからないときや、先に進んでから取り組みたいときはスキップも可能です。

解説 **マイ動画アクティビティ**

YouTube に質問を追加した課題データは、各課題の作成画面（90ページ参照）にある「添付」の［YouTube］をクリックし、表示される画面上部の［マイ動画アクティビティ］に自動で保存されます。
保存されている動画をクリックすると、編集画面が表示されるので、再利用もしくは編集をして、新たな課題へ添付することも可能です。

② YouTube の動画に質問を追加する

アクティビティの概要

「アクティビティの概要」から、動画内容の紹介や課題への指示、YouTube の視聴開始時刻と終了時刻を設定できます。

解答形式

解答形式は以下の３つです。

- 多岐選択式
- チェックボックス
- 自由形式

自動採点が可能な解答形式は、「多岐選択式」「チェックボックス」の２つで、あらかじめ解答の設定が必要です。「自由形式」の場合は、教師が送信された解答を確認して採点します。

課題管理画面

演習セットの課題管理画面（171ページ参照）と同様に、分析情報・各生徒ごとの正答結果などを確認できます。

1 質問を挿入したいタイミングで［追加］をクリックします。

2 挿入したい解答形式に合わせて、質問・選択肢・解答の設定や入力を行い、

3 ［保存して次へ］をクリックします。

プレビューで課題を確認できます。

4 質問の作成がすべて終わったら［添付］をクリックし、課題を配付します。

70 | クラスの訪問機能を使ってみよう

ここで学ぶこと

・クラスの訪問
・クラス訪問の通知

クラスの訪問機能では、クラスに所属していない教師が一時的にクラスを訪問し、サポートを行えます。学校内の教師が連携し、各場面の運営をスムーズに行うことができます（対象エディション：Google Workspace for Education Plus）。

① クラスの訪問機能を活用する

⚠ 注意

クラスの訪問機能を有効にする

クラスの訪問機能を利用するためには、管理コンソールでの設定が必要です。メニューに表示されない場合は、管理者に確認してください。

✏ 補足

クラス訪問者の機能

クラスを訪問したユーザーは、クラスの削除、担任（クラスのオーナー）の削除を除いたすべての操作を行えます。クラス訪問時に操作できる時間は最大2時間です。

💡 ヒント

クラス訪問の通知

あるユーザーがクラスを訪問した際、訪問のお知らせメールが担任（クラスのオーナー）に届きます。この通知により、どのような目的で訪問したのかを確認できます。

1 ホーム画面左側のメニューから［クラスの訪問］をクリックします。

2 訪問先のユーザーを検索し、クラスをクリックして選択します。

3 訪問の目的をクリックしてチェックを付け、

4 必要に応じてメッセージを入力し、

5 ［クラスを訪問］をクリックすると、クラスへ入室できます。

Section 71 | Kami を使おう

ここで学ぶこと

・Kami の基本操作
・Kami の編集機能

「Kami」とは、ドキュメント・PDF・画像など、あらゆるドキュメントに注釈や書き込みなどが可能になる Google Chrome 拡張機能です。ドライブとの連携により、手書きが必要な課題もデジタルで取り組むことができるようになります。

① Kami の基本操作

🗨 解説

インストール方法

Chrome ウェブストアから、Kami for Google Chrome™ をインストールします。[Chrome に追加] をクリックすると、拡張機能を追加することができます。

✏ 補足

主な編集機能について

編集機能には、無償版機能と有償版機能があります。以下、無償で利用できる編集機能となります。※有償版機能には鍵アイコンが表示されています。

・マーカー入力
・コメント入力
・テキスト入力
・手書き機能
・図形挿入
・消しゴム

あらかじめ左の側注解説を参考に、Kami for Google Chrome™ をインストールしておきます。

1 Chrome を起動し、（拡張機能）をクリックしたら、

2 [Kami for Google Chrome™] をクリックします。

3 ファイルのアクセス先（ここでは [Google Drive]）をクリックして選択します。

4 初回アクセス時は、Google アカウントへの許可画面が表示されるので [許可] をクリックします。

5 ドライブから利用するファイルを選択すると、注釈や書き込みなどができるようになります。

✦ 応用技 　Ra:Class を使ってみよう

「Ra:Class」は、株式会社電算システムが提供するオリジナルWebアプリケーションです。パソコンの Chrome 上で利用することができます。授業の振り返り内容に対する感情分析・成績データの観点別自動集計・生徒の学習スケジュール管理などにより、定性的要素の見える化や校務効率化を実現します。

▶ クラス単位で授業の振り返りを実施する

Ra:Class から教師として所属するクラス単位ごとに授業の振り返り配信を行うことができます。教師側の画面では、振り返りデータの管理だけではなく、感情分析も行えるようになっています。

教師画面

Cloud Natural Language API により、生徒の振り返りテキストデータから感情分析を行います。
このチャートでは、感情のネガティブ・ポジティブ（赤）と、感情の強度（青）が表示されます。

生徒が振り返りを行う際に選択する視点の集計をレーダーチャートで表示しています。

生徒の振り返りデータが管理されます。上記のチャートを参考に、気になるタイミングの振り返り内容を同時に確認できます。

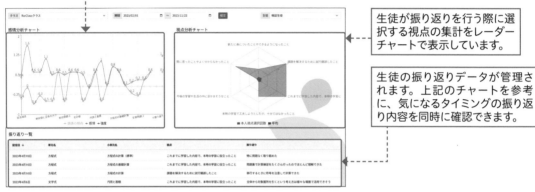

▶ クラスの成績を観点別に管理する

クラスの設定から「成績のカテゴリ」を登録し、Ra:Class と連携させることで、クラスの成績を観点別に確認することができます。

教師画面

クラスで配付された課題で、観点が「知識・技能」「思考力・判断力・表現力」に設定されている場合、平均得点率は棒グラフで表示されます。日付は課題の配付日となります。

クラスで配付された課題で、観点が「主体的に学習に取り組む態度」に設定されている場合は、分布図として表示されます。自己調整・粘り強さを指標としており、クラス全体がどのような傾向にあるのかを判断することができます。

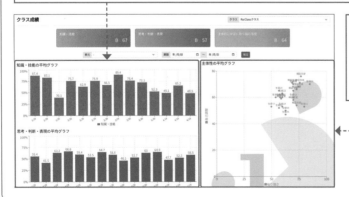

9

Google Classroom をもっと便利に使おう

付録

実践事例集

01 Google Classroom で生徒が 自走する環境をつくる

聖光学院中学校高等学校　英語科・教諭

髙木　俊輔

① 学習者の自走を促すプラットフォームとしての Classroom

事例の概要

高校生を対象にした英語の授業では、一斉授業と個別学習をまとめるためのプラットフォームとして Classroom を活用しています。音声ファイルを配信しての個別の音読や、Google ドキュメントを用いた英作文添削を通じて、学習者自身が学び方を学び、自走できるしくみをつくることを意識して授業をデザインしています。

付録

実践事例集

学習の手順や注意点は何度でも見られるように Classroom 上に記載しておく

取り組みの背景

1クラス30〜45名とクラスサイズが比較的大きな環境で、発音の改善や英作文の添削など、言語を学ぶうえで欠かせない個別のフィードバックを送ることに難しさを感じていました。そこで、ICTとAIを活用し、生徒がそれぞれのペースで課題に取り組むしくみをつくることで、一斉授業形式を取りつつ、それぞれの生徒が個別に抱える課題にできるだけ対応することを目指しました。

ドライブにある音声ファイルを使って音読に取り組む生徒

② コミュニケーションが増え、フィードバックの質が向上

効果

一斉形式の音読から、Classroom を活用した個別の音読に切り替えたことで、生徒が自分のペースで学習を進められるようになり、教室内を巡視しながら必要なアドバイスを送ることができるようになるなど、生徒とのコミュニケーションが以前よりも活発になりました。

また、英作文の添削では、手書きと Google ドキュメントを併用することで、生徒が自分の書いた英文を推敲する機会が生まれました。これらのやり取りをすべて Classroom 上で行うことで、提出物管理の煩雑さから解放されるだけでなく、コメントバンクや提案モードなどの便利な機能を活用することで、添削の質と速度が大きく向上しました。

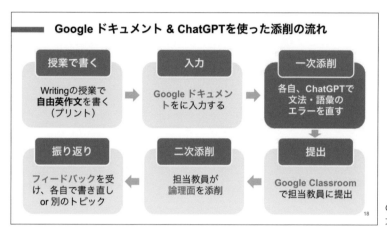

Google Workspace と生成AIを組み合わせた英作文添削

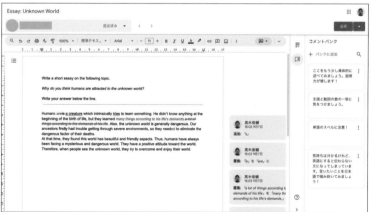

提案モードとコメントバンクで効率的に添削

💡 **ヒント**　　**学習全体を見通したツール活用を意識する**

Google Workspace for Education は、あくまで学習の可能性を広げるツールにすぎません。したがって、「何を成し遂げるために使うのか」という目的意識が非常に大切です。学習全体のデザインの中で、どこで使えば効果的なのかを考えてみましょう。

新しいツールの使い方を覚えるとやりたいことのアイデアが溢れてきますが、まずは無理せず、少しずつ使うところから始めてはいかがでしょうか。

02 | 情報集約の場所としての Google Classroom の利用

自由ヶ丘学園高等学校　理科・教諭

大里　歩

① 合言葉は「困ったら Classroom !」

事例の概要

クラス担任としてのさまざまな連絡、意見調査、配付物など多くの業務がありますが、Classroom をプラットフォームとして用いることで非常にスリムになります。生徒たちは「困ったら Classroom にアクセス」すれば、ほとんどの情報は手に入れられるようになっています。

毎日の朝／帰りの連絡、模擬試験の科目調査、面談の希望調査など、口頭や紙だけでやろうとすると非常に煩雑になりそうなものも、かんたんに回収することができます。

ストリームでの情報は流れてしまうため、生徒には「授業」タブを見るよう指示

トピックごとに情報の種類を仕分けることで、生徒たちがほしい情報を探しやすくなる

取り組みの背景

高校生になると、授業だけでなく部活や行事など様々な情報が多くなり、すべてを記憶していたり意識したりするのは難しくなります。「あれ、どうだったっけ？」となったときに頼るべき場所があればよいなと思い、Classroom を情報集約場所として利用しようとスタートしました。トピック分けをていねいにすることで生徒たちが、ほしい情報にアクセスしやすくなるようにしています。

② 自ら必要な情報は自分で取りに行くことが当たり前に

効果

学校では、いまだに紙での配付物も少なくありません。配る前に写真を撮り、PDF にして「資料」として投稿。模試の科目調査も「テスト付きの課題」で送ることで生徒たちも入力忘れが減るように感じています。

連絡も口頭だけでかんたんに終わるものは、とくに投稿しませんが、忘れてほしくないことや、後日見返す可能性が高そうな連絡は必ず「資料」として載せるようにしています。生徒たちの中で「Classroom に載っている＝当たり前」になると、「Classroom にあるから、ちゃんと見ときなよ」というように自分たちで指摘しあう集団に成長していくようです。

授業でも、メインとなる教科や科目は 1 つの Classroom に授業担当者が入り、トピックを教科や学期別にして使っています。1 つの Classroom にまとめて、お互いの課題期日や授業展開を共有しあうことで、先生たち同士のレベルアップにもつながっています。

授業で使うクラスも教科・科目・担当者ごとにトピック分けすることで、生徒のアクセスが楽になるように整理

💡 ヒント　**ストリームと授業の使い分け**

「ストリーム」と「授業」の特徴を知ると、生徒にとっても見やすいものになるようです。

「ストリーム」は「先生←→生徒」や「生徒←→生徒」のやり取りがメイン、先生からのアナウンスは「授業」で、というようなかんたんなルールを自分の中でつくると比較的楽かもしれません。あとは、生徒に直接「どうなってたら分かりやすい？」と聞いちゃうのがイチバンの解決策かも！

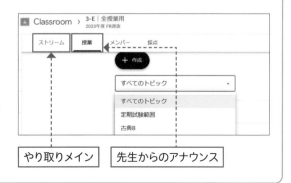

やり取りメイン　　先生からのアナウンス

03 Google Workspace で 一元化された反転学習

湘南学園中学校高等学校　英語科・教諭

石井　達也

① Meet で録画した動画を課題として Classroom で配信

事例の概要

中学 2 年生を対象とした英語の授業では、予習課題を Classroom 経由で配信しています。生徒は初めて扱う文法事項の解説動画を見ながら質問に回答し、習熟度を上げることができます。動画の中で使用するスライドは Google スライド、撮影は Google Meet、アップロードは YouTube で行い、Google Workspace の中で一元化を実現することができました。

動画が自動で停止し、事前に設定した問題が表示される。生徒は、そこまで見た内容を踏まえて習熟度の確認をすることができる

Classroom に参加している生徒の正答を一覧でチェック。正答率が低い問題について授業内で再度確認することも可能

取り組みの背景

これまで生徒には、動画配信、問題演習の課題を別々のサービスで配信していましたが、記録を一括で管理する際にデータをまとめる作業が非常に煩雑でした。しかし、Classroom のアップデートによりすべてが一元化され、成績もスプレッドシートで管理できるようになりました。

② 生徒が課題を管理しやすく、学習のプラットフォームに

効果

普段は Classroom を掲示板として使用することが多く、課題を配信する際はていねいに生徒へ周知することが多くありましたが、課題も配信されるようになったことで生徒にとって Classroom がプラットフォーム化され、課題の管理も以前より容易になりました。

試験前にも範囲の内容をかんたんに見つけることができ、動画を通じて復習をしています。これまで課題は「ドキュメント」でのライティングや「フォーム」での問題演習がメインとなっていましたが、予習内容に合わせた動画の作成と習熟度の確認が容易にできるようになったことで、課題の内容を大幅に広げられるようになりました。

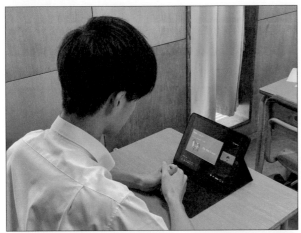

動画は解説も含まれているため、予習だけでなく試験前の復習としても活用できる

問題に正解するまで動画を先に進めることができなくなる。つまずいている部分について、改めて見返すことで理解度を上げることができる

💡 **ヒント**　　**生徒のどのような力を伸ばしたいかを考える**

時代の進歩とともにさまざまなツールが誕生し、一体何をどのように使えばよいのか迷ってしまうことも多いかと思います。しかし、気をつけなければいけないのは、「手段の目的化」にならないようにすることだと思います。使うことがゴールではなく、「生徒のどんな力を伸ばしたいか」「その力を伸ばすためにはどのような手段を使うべきか」を考えたうえで選択してみてください。

Appendix

04 資料や連絡は「質問」で

栄光学園中学高等学校　情報科・教諭

日野　俊一郎

① 「質問」は意外と便利

事例の概要

感想のように、とくに提出を求めることもしないけれども、読んでおいてほしい資料を配付する場合や、全体への連絡事項は、Classroom の「資料」や「ストリーム」を使わずに「質問」を利用しています。

取り組みの背景

「資料」や「ストリーム」では、生徒が Classroom 上でリアクションする方法が、クラスコメントしかありません。そのため、個別に送っていない限り、ちょっとした質問をしたい場合に、Classroom 上で教師だけに聞くことができません。

Classroom に「質問」で投稿する

また、単に資料といっても、教師からすると「いついつまでに必ず読んでほしい」ということもあります。生徒は、さまざまな教科の Classroom に参加しているので、日々複数の教科の課題をこなしています。すべての課題は「ToDo」で確認するのが便利なのですが、「資料」や「ストリーム」の投稿ではそこには表示されませんので、どうしても忘れられてしまいます。

そうならないためにどうしたらよいか……ということを考えた結果、資料や連絡事項であっても「質問」として投稿することにしました。

② 生徒が気軽に質問できる環境が生まれる

効果

「質問」で「選択式」を選ぶとき、選択できる回答を作成することになりますが、1つだけしか選択肢を設定しなくても投稿することができます。

[?] **【4月22日(土)】オリエンテーション&各種ログイン確認**

HINO, Shunichiro日野俊一郎・4月21日　（最終編集：7月9日）

期限: 4月22日

4月22日(土)はオリエンテーションと時間が余れば、先日送信した「Life is Tech!レッスン」と、この後（17:00ごろ）に配信する各種教材のログインの確認、「Life is Tech!レッスンChapter1レッスン1」の実施などをしてもらう予定です。

教材のログインについては、土曜日にできなければ、次回に確認しても構いませんし、これらは家庭にある端末でも利用可能ですので、個人PCで確認しても構いません。

ログインがうまくできないということがあれば、それぞれの質問の限定コメントでお願いします。

| 自分の解答 | 未提出 |

○ 確認した

[提出]

[👥] **クラスのコメント**

クラスのコメントを追加する

[👤] 限定公開のコメント
HINO, Shunichiro日野俊一郎 先生へのコメントを追加する

「選択式」質問の選択肢は1つでも作成可能。必ず確認してほしい連絡事項が生徒の目に止まりやすくなる

「資料」から「質問」に切り替えたところ、生徒から「質問がしやすくなった」「期限があるので確認しやすくなった」という声がありました。また実際に、普段教室では質問してこなかった生徒からの質問もあり、それがきっかけで対面でのコミュニケーションも取りやすくなっていきました。

普段の教室も含め、「みんなの前では質問しづらくても、限定公開のコメント（Sec.50参照）があると Classroom では質問ができる」という生徒もいます。そのような生徒が質問できる、というだけでも Classroom のような場がある意味はおおいにあると思い、自分自身ももっと積極的に使っていこうという気持ちになりました。

期限も表示されるので、いつまでに確認すればよいかがわかりやすい

[💡] **ヒント**　**生徒と教師相互に試行錯誤してよりよい使い方を探す**

こちらが思ったように生徒には届いていないこともあります。生徒に聞いてみると、こちらが思いもしなかったことに困っていたり、不便さを感じたりしています。生徒とともに試行錯誤しながら、どちらにとっても、よりよい使い方を探していくとよいと思います。

05 | 余白時間を大切に。〆切は誰のため？

神山まるごと高等専門学校　デザイン・学生募集チーム
新井　啓太

① 提出〆切は授業日の放課後、スライド共有は翌日

事例の概要

「表現基礎（アート）」と「グラフィックデザイン」の授業で、Classroom を使用しています。小さな工夫として、投稿や〆切の時間設定の仕方を紹介します。下の図は、課題配付から提出までの流れをまとめたものです。課題は、主に授業の冒頭で配付します（授業の前日にあらかじめ予約投稿で設定）。課題は、基本的には授業時間内に、もしくは授業があった当日中に提出するように決めています。こちらから課題を返却したあとは、課題の最終〆切日をさらに1ヶ月後とし、この1ヶ月の「こだわり期間」では学生からの再提出を何度でも受けられるようにしています。課題や資料の投稿タイミングや〆切日を工夫し、一人ひとりに対応することで、主体的な学びをつくることを心掛けています。

授業 導入の活動や課題説明が終わるタイミングで課題が自動送信。その日の課題は当日中に提出をする。（基本は授業時間内）

月	火	水	木	金 ・・・・・ 1ヶ月後
課題配信の予定を設定	授業スライドを翌日に資料共有		課題返却 こだわり期間	課題最終〆切

評価を確認。再提出が何度でも可能。提出義務はない。

取り組みの背景

ICTは便利。しかし、いつでもデータにアクセスできるため、ときに授業や課題への集中を削いでしまう場合があります。また、実技系科目の場合、作品にこだわりを持ちすぎて結果として未提出になっている学生に対し、努力をしているにも関わらず、弱みを指摘するかのように提出を催促しなければいけないシーンが出てしまいます。そこでモノづくりの得手不得手に関わらず、誰でも学びの成果を掴むことができる方法を模索しています。

② 返却後の再提出は何度でも。没頭は自ら掴むもの

効果

1. 授業時間の集中と現在地の把握

「説明スライドを授業では共有しない」「未完成で
あっても、当日中に必ず作品提出をする」この2つ
を徹底することで、「今、この瞬間につくる」とい
う意識や集中はかなり高まっているように感じま
す。そして、行動や解の出し方から、それぞれの
個性がはっきりと見えるようになりました。

2. ジブンゴトの意識向上と顕在化

課題返却のあとの1ヶ月の「こだわり期間」は、再
提出を求めているわけではありません。自分の意
思で学び続け、成長を自分で感じていれば、その
到達を再提出で報告する。余白の時間に対する意
識を高めるきっかけにはなっていると思います。

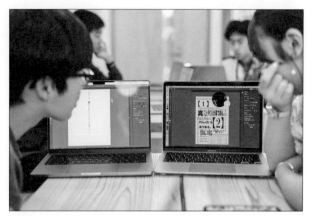

学生同士の作品フィードバック

放課後のワンシーン

💡 **ヒント**　　**学びの集中や生徒のこだわりを大切にする**

連絡や提出物の管理を目的にするのではなく、学びの集中やこだわりを高められるよう Classroom を活用していきた
いものです。学校全体で課題ばかりが山積みに…とならないために。

大粟山での活動。フィールドを移動するペースは各自で決める

06 | 少しだけ「管理」という観点を外してみませんか？

茨城県立並木中等教育学校　英語科・教諭

宮本　脩平

① 短期プロジェクトチーム用のクラスを作成

事例の概要

中学生は1人1台 Chromebook を所持し、ほぼすべての教科において Classroom をプラットフォームとした活用が行われています。私が今年度所属する中学1年生においては、行事の実行委員会や年次行事の代表生徒など、短期プロジェクトチーム用の Classroom を作成し、その中で生徒たちは議論・共有を自由に行う場を提供しました。

短期プロジェクトチーム用のクラスを作成

取り組みの背景

行事における実行委員会をつくると、生徒を募集し、期日までに話し合うべきこと、決めるべきことがたくさんあります。放課後の限られた時間だけの話し合いだけでは不十分でした。

ひとたび Classroom を作成すれば、教員は「期日とやるべきこと」を示すだけ。あとは生徒たちに任せます。生徒たちは教室を越え、オンラインでも議論・共有しながら、ときには教員の想像をはるかに超えた利用の仕方を見せてくれます。

② 「教員が見られるSNS」の提供

効果

小学生向けの学校説明会においては、5分間で1日の学校生活の様子をプレゼンテーションするため、有志生徒による Classroom を作成しました。

Classroom の中で教員は何もしません。あくまで生徒同士がインタラクションする「場所」を提供するだけで、必要なときに必要な助けを提供するだけです。生徒たちはああでもない、こうでもないと教室でディスカッションしつつ、Classroom 上でドキュメントを使用して議事録を共有しながら台本を作成し、フォトで発表に使う写真や動画を集約し、スライドでプレゼンテーションを仕上げます。

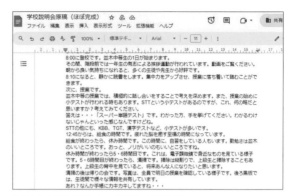

生徒たちの共同作業によって完成した発表原稿

普段の授業を通して、Google ツールについてのさまざまな利用の仕方を知っていった生徒たち。その知識を応用していくことで、どの場面においてどのアプリの活用が適しているのかを自然と習得しているようでした。

また、中学1年生の生徒の中にはスマートフォンを持っていなかったり、メッセージアプリなどの使用を制限されていたりする生徒もいます。そんな生徒達でも自由に話すことができる環境を提供することができ、なおかつ教員も様子を知ることができる、いわば「教員が見られるSNS」のような環境もつくることができたように思います。

話し合いの議事録はドキュメントにまとめられていく

Chrome 上でまとめながら、対面のコミュニケーションも欠かせない

 ヒント 　**生徒主体で Classroom を活用する**

Classroom を管理だけのツールにしてしまうのはもったいないように思います。少しだけ「管理」という観点を外して、できる限り生徒に任せてはいかがでしょうか。生徒たちは今までの知識を応用し、最適なアプリを選択することもできるようになります。

07 | 学びの「ハブ空港」で探究をドライブする

公文国際学園中等部高等部　社会科教諭・ブランド分析室

齋藤　亮次

① 高校地理総合「システム思考で考える美味しいエビの真実」

事例の概要

高校1年生を対象とした地理総合の授業では、パフォーマンス課題のプラットフォームとして Classroom と各アプリを利用しています。今回は高校生にも身近な「エビ」を題材として、自分とグローバル・イシューとの結びつきをシステム思考を用いながら構造的に考察します。課題を横軸、テクノロジーを縦軸として掛け算し、課題解決を目指す「Problem Based Learning」を実施しました。

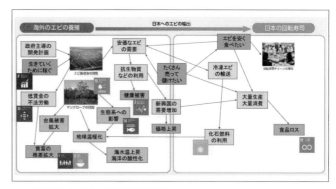

スライドを使ったエビをめぐる関係構造図

スライドを使った未来洞察マトリクス

取り組みの背景

哲学者で探究の基礎を築いたジョン・デューイは「教育とは人生の準備ではなく、人生そのものだ。」と述べ、学びのプロセス自体に価値があると論じました。授業を通して、人生に寄り添ってくれるスキルやマインドを育みたいと思っています。Google ツールは、道筋のない探究的な学びの個別化・協働化・深化を促してくれる相棒です。

② ワンストップで探究的なサイクルを回す「ハブ空港」になる

効果

Classroom を「ハブ空港」としながら Google ツールを使うことで、探究学習における仮説検証サイクルを高速化し、Learning by doing を促進します。

プロジェクトのロードマップとルーブリック評価を提示することで、生徒たちは自律的に1〜2カ月間のプロジェクトを進め、共有・作成・提出・発表までをワンストップで行うことができます。

さらに、手元の画面でリアルタイムに進捗を把握できるため、つまづいているグループへの声がけもスムーズになりました。毎授業終了時には Google スプレッドシートを使って学びのプロセスをポートフォリオとして残すことで、自分の思考のプロセスも可視化することができます。

スライドを使ったポスター制作

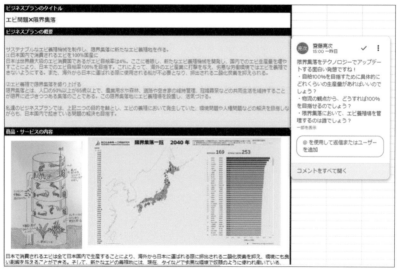

スプレッドシートを活用したビジネスプランシート

💡 ヒント **自分なりのアレンジでツールの幅を広げる**

授業デザインは、料理づくりに似ています。最初はレシピアプリを見ながら見よう見まねで調理しますが、慣れてきたらアレンジを加えます(そしてときに盛大に失敗します)。Google ツールを圧力鍋やマジックソルトに見立ててみると、料理の幅がぐっと広がり、想像が膨らみます。「この授業を終えたとき、生徒たちはどんな顔をしているかなぁ」と想像しながら、生徒とのクッキングセッションを楽しみ、遊び心を大切に、楽しみながら使ってみることが大事だと思っています。

08 | 3日で学ぶ ニワトリの解剖学

関西学院千里国際中等部高等部　理科・教育力向上主任

岡本　竜平

① 学びのストーリーを生徒たちと共有する

事例の概要

中等部2年生「動物の体のつくりとはたらき」の学習のまとめとして、グループでニワトリ1羽の解剖に取り組みました。解剖の工程を3日間に分け、普通授業内で実施しました。

学びのインプットとして、教師が作成したepub (Electronic PUBlication) などを用いながら事前学習を行い、生徒たちは解剖の手順や観察のポイントをグループで確認しました。また、学びのアウトプットとしてインタラクティブポスターを作成することで、彼らはこの解剖実習で学習し、感じたことを、文字や映像だけでない表現方法で他者に共有することができました。

Classroom で共有した教材

教師が作成したepubの目次

取り組みの背景

これまでの授業で、ニワトリの心臓、ブタの肺や目など、器官ごとの解剖を実施してきました。そのため、生徒たちにそれらのつながりをなかなか意識させることができていないのではないかと感じていました。一方で、解剖自体がただの作業にならないように注意し、事前事後のまとめも確実に行う必要があると考え、この授業に臨みました。

解剖実習の様子（皮を解剖ハサミで切っているところ）

② 生徒たち自身で「共有する」ことに価値を見出す

効果

ニワトリの解剖実習に関する項目として、Classroom には4つの項目を立てました。教師が作成したepubを共有し、事前学習に使用したり、解剖中にも何度も見返したりするなど、生徒たちのタイミングで必要な情報にアクセスする機会を設けることができました。

観察記録については、スライドをチームで共有することで、数名の気づきが集約され、多くの情報が集まりました。中には記録係を立てて、解剖中にも新鮮な情報を記録をするチームも見受けられました。

インタラクティブポスターの作成では、事前にその目的を生徒たちとも共有しました。そして、より価値のある魅力的なポスターにする為の要素についてクラスで意見を出し合ったことで、チームごとに独自性のあるポスターに学習したことを表現できました。

このように、器官ごとのつながりが実感でき、におい、感触、など五感に訴えかける学校で共有することに価値のある教材になったと実感できました。

チームごとに共有したスライド

解剖実習中の様子（内臓を取り出し、机上に並べているところ）

生徒たちが考えた魅力的なポスターにするための要素

生徒が作成したインタラクティブポスター

💡 ヒント　生徒がどのようにツールを使うか想像する

授業の中で、学習者である生徒がどのように使うのかを想像することが大切であると考えます。教師が管理しやすいようにテクノロジーを活用することも1つの視点ですが、あくまでも学習の中心は生徒であるということを意識するべきであると思います。

09 獲得ポイントで資格を認定する パフォーマンス課題

都留文科大学　文学部国文学科・教授

野中　潤

① 3000点の「認定合格」で単位取得可

事例の概要

このプロジェクトは、国語教育学ゼミの大学3年生に、Classroom で多様な選択課題を提供します。特徴的なのは、一般的な100点制ではなく、500点、1000点などの高得点で評価する点です。この方法で、学生は自分の興味や意欲に応じて主体的に学びます。

達成ポイントにより、次のような称号が与えられます。

・4000点：認定合格
・6500点：創新学徒
・9000点：遊学達人

学生は自分の興味や関心に応じてマイペースで取り組むことができ、その過程で獲得するポイントによって評価されます。

取り組みの背景

日本の教育では、100点満点の評価が一般的で、学生は評価に焦点を当てがちです。この状況は主体的な学びを妨げる可能性があります。また、教育とテクノロジーの融合が進む中、多様な学びの場が求められていますが、まだ十分に提供されていないのが現状です。このプロジェクトは、これらの問題に対処するため、Classroom と独自の評価方法を活用しています。

教職を志す学生のゼミなので、大学生に対するアプローチであるだけでなく、中高校生に対して実施した場合の効果や可能性について考えるための実験的な取り組みです。

② 自ら選び、ポイント獲得で得られる達成感

効果

ゲーム性のある独自の高得点評価システムと、行動や実践を軸にした課題設定が、学生の主体性を醸成しています。従来の100点満点制に囚われることなく、学生は自分自身の興味や意欲に基づいて積極的に課題に取り組んでいます。

また、Classroom を活用することで、学生はいつでもどこでも学びにアクセスできる環境が整いました。学生自身が自分のペースで多様な学びの機会に取り組むことが容易になっています。

Classroom に配付された課題

さらには、達成ポイントに応じた称号の設定と認定証の授与が学生のモチベーションを高めています。自らの選択でさまざまな活動に取り組み、ときに仲間とともに活動することで、多くの学生が達成感や充実感を得ることができます。

認定証試作品：創新学徒

認定証試作品：遊学達人

 ヒント　課題はトピックで整理する

選択課題は、Google 教育者グループのイベント参加や認定教育者の資格取得など、性質の異なる多くのメニューが必要です。そのため「トピック」で整理し、課題の全体像を理解しやすくすることが大切です。

10 Google Classroom を 使った学習評価と成績管理

鎌倉市立岩瀬中学校　理科・総括教諭

仲井間　善之

① 教務手帳は使わない〜 Google Classroom で成績管理〜

事例の概要

3観点の学習評価で Classroom を使用しています。提出物を Classroom で回収することで、机の上のノートの山もなくなり、生徒に即時にフィードバックできるようになります。

評価した記録は教務手帳に転記せずに、ペーパーレスで校務支援などの評価シートに入力しています。生徒に伝えた記録をそのまま評価資料として使うことができるようになり、ミスがなくなります。

観点ごとに課題を設定して評価。すべての評価を Classroom のみで伝える

生徒の提出物。ノートやワークシートの回収は行わず、Classroom でデジタル管理

取り組みの背景

テストはともかく、レポートなどは複数の教員で点数を確認することが難しく、通知票をわたしたあとにミスが発覚することもあります。そのため、生徒に渡したデータをそのまま評価シートに入力できないか考えました。また、Classroom では名前順のソートが難しく、年度当初に名前に番号付けする手間などを減らしたいと考えました。

② 手軽に学習評価してミスなく成績管理

効果

効果の1点目は、いつでもどこでも評価することが可能になり、提出物のフィードバックが早くなったことです。また、評価する時期にノートの山ができることがなくなり、家に持ち帰っての評価も楽にできるようになりました。クラウドを使用しているので、教務手帳やUSBメモリを持つ必要もなくなりました。

効果の2点目は、評価がペーパーレスになり、時間短縮ができ、かつミスが減ったことです。生徒に渡した評価をClassroom からスプレッドシートでダウンロードします。そして、スプレッドシート内の評価を校務支援の評価シートにコピー＆ペーストするだけです。生徒に伝えた評価をそのまま評価シートに貼り付けているので、転記ミスも大幅に減りました。

💡ヒント　「出席番号」で並べ替えを行う

年度当初に「出席番号」という課題を与えて、出席番号の点数をつけて評価を返却しておきます。Classroom 内で行った評価をスプレッドシートでダウンロードしたら、「出席番号」という課題の列でシート全体を並べ替えします。あとは、不登校などの理由で Classroom に入っていない生徒や転入生に気をつけて、校務支援などの評価シートにコピー＆ペーストするだけです。難しい操作は一切ありません。

あらかじめ「出席番号」という課題を設定しておきます。

1 「出席番号」の列を選択した状態で右クリックし、[昇順でシートを並べ替え]をクリックします。

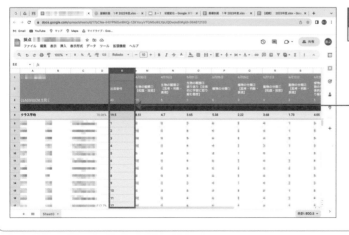

2 列が出席番号の順で並べ替えられます。

11 美術の授業でまるごと Google Classroom

鎌倉市立手広中学校　美術科・総括教諭

鈴野　江里

① 導入から評価までクラスルームでまかなえる！

事例の概要

今回、神奈川県公立中学校教育研究会美術科部会研究部で考えた、「導入から評価まで、まるっとクラスルームで授業」を展開する事例をご紹介します。

学習のねらいや学習内容や制作に必要な情報など、1つの課題に資料をいくつも添付できるよさがあります。

振り返り用紙なども、スプレッドシートを共有することで、いつでも回収・添削・返却できます。紙媒体よりも作業時間が大幅に削減できますし、紛失もありません。

また、生徒は、自分が撮影した写真を課題に添付できるので、アイデアスケッチや作品の写真をデータで回収できます。限定公開のコメントを使って教師がアドバイスすることもできますし、提出ファイルを共有することで、相互鑑賞もできます。

中学1年生への配付課題。学習のねらいや制作動画、振り返りシートなど複数の資料を添付できる

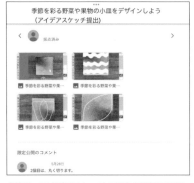

生徒は、アイデアスケッチの写真を課題に添付して提出

授業で配付している学習プランシート

授業の進行表（生徒用）

② コメントや共同編集でやり取りできる！

お互いの作品を鑑賞する際、リンクを共有することで席を移動しなくても鑑賞ができます。また、共同編集できるアプリを使って画面上で作品を鑑賞し、意見をかわすこともできますし、さらにほかの班と内容を共有することで、感じ方や考え方を広げたり深めたりすることができます。

また、ワークシートなどを添付しなくても課題の限定公開のコメントを活用することで、かんたんに振り返りや感想を回収・評価・返却することができます。

生徒のコメント

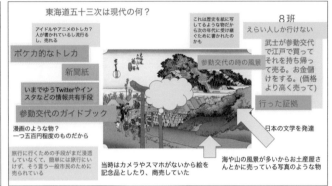

鑑賞の授業で共有したスライド

③ 評価を個別配信、データとして使えるので補助簿なし！

「ルーブリック」を使うことで、評価規準（基準）を事前に生徒に知らせることができます。題材全体の評価だけでなく、技能の評価を設定すると、作品の評価を個別に返却できます。CSVに書き出しできるので、補助簿への転記も不要！　事故防止と時間削減にもつながります。

授業で配信しているルーブリック

💡 **ヒント**　　**まずは「資料」の添付から活用を広げる**

こんなに便利なものはありません！　視覚優位の教科だからこそ、まずは資料の添付などから始めてみましょう。欠席生徒への支援にもなります。どんどん活用して子どもたちの造形的な視点や思考力を育てましょう！

テスト対策の配信

12 | 小学校生活の「ハブ」となる Google Classroom

精華小学校　算数科・教諭・広報

向井　崇博

① 小学生が Google Classroom の使用を始めるときのおすすめ

事例の概要

6歳～12歳では、学齢に応じて ICT 機器への適応力にかなりの差があります。無理なく Classroom の活用をスタートさせましょう。

Classroom は、各担当者が各教科で活用しやすい設計になっています。小学生の学習環境下では、Classroom を使用する際には、各教科ではなく、クラスでひとつの Classroom（クラス）をつくって、投稿や発信の際には、トピックで教科を分けると教員間でともに運用ができ、活用しやすくなります。小学校の場合、中学高校よりも教科の独立性が高くないからこそおすすめです。

教科の連絡や資料の共有、授業のタスクなど、Classroom にすべてがある状態になります。子どもにとっては教室（クラス）のようなもので、Classroom にアクセスすれば情報が入手できる環境が整います。

自分でアイディアを探して形にしていくとより楽しくなる

1つのクラスの中で、教科ごとにトピック分けして運用を開始

日常使用に、Classroom は必要不可欠！

取り組みの背景

教員と児童が、双方にとって無理なく Classroom を使い始めることができるとよいと考えました。教員と児童それぞれが助け合って運用できるよう、1クラス1つの Classroom（クラス）を作成することにしました。教員内にも Classroom に慣れている人と、そうでない人がいるため、そのクラスに関わる先生全員が、Classroom の「教師側」に入ってスタートします。

また、ルール（決まり）・マナー（礼儀）・モラル（道徳）を大切にしています。自分で判断できるようにするのは、普段の学校生活でも同様です。学年段階に応じてルールを決めて、その中で活用し、マナー・モラルを学ぶ機会にもなっています。ICT 機器に不慣れな教員であっても便利で、子ども学びが広がる・深まるツールだとわかってもらって、選んで使ってもらいたいです。

② 教員側と児童側の双方に、使いやすさと安心感を

効果

複数の Classroom へ一斉投稿や発信時刻予約ができるので、活用や共有がしやすいです。また、複数の教員が Classroom 内にいるので、「教員→児童」への個別連絡も教員間で可視化されている状態を構築することができます。

児童は、「Classroom にいけば授業を始められる」環境になります。Classroom の名のとおり、児童にとって学校生活におけるプラットフォームになるのはもちろんですが、小学生児童の学校生活にとっての「ハブ」のような位置付けができます。これさえ整えば、授業での活用はもちろん、質問タイムでも大喜利大会でも、イラストしりとりでも……使い方が一気に広がっていきます。オンライン上での児童と教員の距離が近くなります。対面とは違った関わり方ができるので、児童にとってはオンライン上での応対の学習にもつながります。

説明が短くなれば、共同時間が増える！　説明も事前配付も可能

先生に相談するより、友達に相談したほうが楽しい

💡 ヒント **Google Workspace for Education 導入のメリット**

「始めから完璧を求めない」ことがよいと思います。クラスごとに1つの Classroom で運用をスタートしましたが、課題配信や投稿が多い英語科は、独立した Classroom を作成する方向になりました。そのときに「ルール違反だ」と捉えるか、「変化、成長の過程にある」と捉えるかで、風向きが変わってきます。

Google Workspace for Education 導入のメリットの1つに、組織が変化に慣れていく、という部分があると考えています。変化を楽しめるようになると授業のデザインや校務の改革にもつながると思います。ベストな方法を模索するのではなく、たくさんのベターな案を積み重ねていきましょう。

索引

さ行

た行

な行

は行

ま行

や行

ら行

あとがき

12名の先生方にご協力いただき、Google Classroom に関する実践事例集を作成することができました。その成果に感謝と敬意を表すとともに、今後も学びと共有の輪を広げていく願いを込めて、あとがきを以下に示します。

◆ 親愛なる先生方へ

みなさまに Google Classroom の授業への導入や効果的な活用について、多くの実践事例を共有していただいたおかげで、本書はより実践的で有益なものになりました。

先生方の豊富な経験や知見から得た事例は、単なるテクノロジーの活用を超え、教育の魅力を引き出し、学習の場をより豊かにする手助けとなっています。

本書に掲載されている具体的なケースや成功事例は、これから Google Classroom を導入しようとしている教育者にとっては大きなヒントとなることでしょう。そのすべてが教育者の方々にとってのよき相棒となることを期待しています。

先生方の協力なくしては、この本は実現しなかったかもしれません。皆さんの情熱と共有の意欲に感動し、学びと成長の過程を共にできたことに心から感謝しています。これからも、共に学び、共有し、影響しあい、能力を高める関係を築き、お互いの教育活動を豊かにしていく仲間として新たな挑戦に向けて前進していきましょう。

◆ 読者のみなさまへ

Google Classroom はテクノロジーの進歩によってもたらされた素晴らしいツールですが、それを通じて築かれるのは、先生方の情熱と生徒たちへの深い愛情であると感じています。

本書を通じて「単なるツールの使い方」だけではなく、Google Classroom が学習者と教育者とのコラボレーションを強化し、より深い理解と信頼を築くプラットフォームになることを学んでいただければと願っています。

未知の領域への冒険は新しい発見と成長をもたらします。
Google Classroom はその冒険の心強い相棒となってくれることでしょう。
困難にぶつかったときは、ぜひ本書を手に取ってください。

生徒とともに素晴らしい旅を楽しんでください。
成功と喜びに満ちた素晴らしい冒険をお祈りしています。

株式会社どこがく
代表取締役 **小林勇輔**

著者プロフィール

電算システム (DSK) は、2006年より、One Google を合言葉に Google の各種サービスを専門的に販売するパートナーとして活動している。これまでに培った豊富な実績を生かし、教育分野でも Google Workspace for Education や Chromebook など各種ソリューションを紹介し、教育 DX を支援。また、オリジナルのサービス開発にも取り組んでおり、本書でも紹介をした Ra:Class を提供している。

お問い合わせについて

本書に関するご質問については、本書に記載されている内容に関するもののみとさせていただきます。本書の内容と関係のないご質問につきましては、一切お答えできませんので、あらかじめご了承ください。また、電話でのご質問は受け付けておりませんので、必ずFAXか書面にて下記までお送りください。
なお、ご質問の際には、必ず以下の項目を明記していただきますようお願いいたします。

1　お名前
2　返信先の住所またはFAX番号
3　書名（今すぐ使えるかんたん Google Classroom
　　　　～授業への導入から運用まで、一冊でしっかりわかる本～）
4　本書の該当ページ
5　ご使用のOSとソフトウェアのバージョン
6　ご質問内容

なお、お送りいただいたご質問には、できる限り迅速にお答えできるよう努力いたしておりますが、場合によってはお答えするまでに時間がかかることがあります。また、回答の期日をご指定なさっても、ご希望にお応えできるとは限りません。あらかじめご了承くださいますよう、お願いいたします。

問い合わせ先

〒162-0846
東京都新宿区市谷左内町 21-13
株式会社技術評論社　書籍編集部
「今すぐ使えるかんたん Google Classroom ～授業への導入から運用まで、一冊でしっかりわかる本～」質問係

FAX番号　03-3513-6167
https://book.gihyo.jp/116

■お問い合わせの例

FAX

1　お名前
　　技術　太郎
2　返信先の住所またはFAX番号
　　03-XXXX-XXXX
3　書名
　　今すぐ使えるかんたん
　　Google Classroom
　　～授業への導入から運用まで、
　　一冊でしっかりわかる本～
4　本書の該当ページ
　　127ページ
5　ご使用のOSとソフトウェアのバージョン
　　ChromeOS
　　Chrome ブラウザバージョン 120
6　ご質問内容
　　手順1の操作をしても、
　　手順2の画面が表示されない

※ご質問の際に記載いただきました個人情報は、回答後速やかに破棄させていただきます。

今すぐ使えるかんたん Google Classroom
～授業への導入から運用まで、一冊でしっかりわかる本～

2024年3月7日　初版　第1刷発行

著　者●株式会社電算システム
発行者●片岡 巌
発行所●株式会社 技術評論社
　　　　東京都新宿区市谷左内町 21-13
　　　　電話　03-3513-6150　販売促進部
　　　　　　　03-3513-6160　書籍編集部
装丁●田邉 恵里香
本文デザイン●リンクアップ
制作協力●株式会社どこがく
編集／DTP●リンクアップ
担当●青木 宏治
製本／印刷●大日本印刷株式会社

定価はカバーに表示してあります。

落丁・乱丁がございましたら、弊社販売促進部までお送りください。交換いたします。
本書の一部または全部を著作権法の定める範囲を超え、無断で複写、複製、転載、テープ化、ファイルに落とすことを禁じます。

©2024　株式会社電算システム

ISBN978-4-297-14027-4　C3055
Printed in Japan